隐形天赋

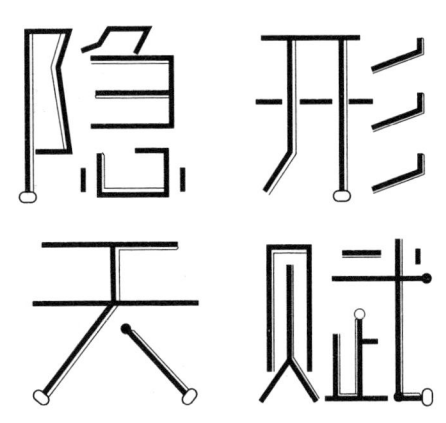

如何将差异变成绝对优势

[比] 泰莎·基伯姆　　著
[比] 卡特琳·芬德里克斯

林霄霄　译

内 容 提 要

本书阐述了如何识破天赋与成功之间的诸多障碍：除了寻找适宜的环境，还需要自我审视，充分体验自身的特质即隐形天赋，借助思维工具突破瓶颈，建立情绪缓冲地带，把握外界赋予的机会，激发创造力，获得幸福人生。

图书在版编目（CIP）数据

隐形天赋：如何将差异变成绝对优势 /（比）泰莎·基伯姆，（比）卡特琳·芬德里克斯著；林霄霄译. -- 北京：中国水利水电出版社，2020.9

书名原文：Meer dan intellegent. De vele gezichten van hoogbegaafdheid bij jongeren en volwassenen

ISBN 978-7-5170-8812-7

Ⅰ. ①隐⋯ Ⅱ. ①泰⋯ ②卡⋯ ③林⋯ Ⅲ. ①成功心理-研究 Ⅳ. ① B848.4

中国版本图书馆 CIP 数据核字 (2020) 第 160803 号

© 2017, Lannoo Publishers. For the original edition.
Original title: Meer dan intellegent. De vele gezichten van hoogbegaafdheid bij jongeren en volwassenen. Translated from the Dutch language
www.lannoo.com
© 2020, Land of Wisdom Books Co., Ltd. For the Simplified Chinese edition
北京市版权局著作权合同登记号：01-2020-4733

书　　名	隐形天赋：如何将差异变成绝对优势 YINXING TIANFU: RUHE JIANG CHAYI BIANCHENG JUEDUI YOUSHI
作　　者	[比]泰莎·基伯姆　　[比]卡特琳·芬德里克斯 著 林霄霄 译
出版发行	中国水利水电出版社 （北京市海淀区玉渊潭南路1号D座　100038） 网址：www.waterpub.com.cn E-mail: sales@waterpub.com.cn 电话：（010）68367658（营销中心）
经　　售	北京科水图书销售中心（零售） 电话：（010）88383994、63202643、68545874 全国各地新华书店和相关出版物销售网点
排　　版	北京水利万物传媒有限公司
印　　刷	天津旭非印刷有限公司
规　　格	146mm×210mm　32开本　8.25印张　158千字
版　　次	2020年9月第1版　2020年9月第1次印刷
定　　价	49.80元

凡购买我社图书，如有缺页、倒页、脱页的，本社发行部负责调换
版权所有·侵权必究

前　言

差异，就是潜在优势

　　因自身特质导致与大众格格不入的那些人，不应该被看成问题人群，而应当被看作是整个社会的发展机遇，他们是推动社会创新的强大力量。这是我们团队秉持的理念，我们一直致力于研究天赋培养，从解除成长障碍过渡到了预防障碍的产生，让怀有天赋的儿童、青年，在学业、事业和生活上取得成绩，拥有幸福而成功的人生。在整个欧洲，我们的科研结果得到了很高的认可，我们的团队与教育领域、企业人才培养领域展开了更深入更频繁的合作。

　　对这样的成绩，我们很欣慰。但在最近五年，接触的案例越多，实践越深入，我们发现，天赋的定义可以更为广泛——它不光是那些绝顶聪明的人，还是那些具备某种特质的人，他们完全可以凭借这份独有的、并非第一时间就能被察觉的潜质，在某个领域深耕细作，成为稀缺人才。我们叫它"隐形天赋"。它和所有天赋一样，潜力无限，但也面临着各种各样的障碍和伤害。

　　不一样，就不一样。

接纳这份差异，不断地审视它对自身的影响，珍视它，体验它，然后借助它不断走出舒适区，突破进阶瓶颈，用更柔韧的心应对外界的声音。慢慢地，你就会发现，所谓差异就是潜在的绝对优势，是创造力，是解决问题的全新方法，是开启新世界的钥匙。

我们写这本书的目的，是为那些有着隐形天赋的人贡献一己之力。我们对这些身怀特质的人进行了持续多年的观察、接触和探索，对他们的潜能坚信不疑。

我们的研究团队逐渐壮大起来，共同突破了一次又一次极限。我们很享受这份事业，一方面是因为我们的工作具有开创性，另一方面是因为我们从"我们的"孩子、年轻人和成年人那里，收获了感激。

我们之间的深厚友谊，以及对彼此的尊重和信任，更是给这份事业锦上添花。在这里想对背后一直默默支持我们的亲人和朋友们说一句，没有你们，我们绝对无法花费这么长时间来撰写这本书。感谢我们的孩子朱尔斯、路易斯、塞巴斯蒂安、劳伦和耶恩特，以及爱人彼得和威姆。最重要的是，谢谢我们亲爱的隐形天赋者们，是你们让我们更加了解隐形天赋人群，并能够在这里，与各位一同分享我们的创新见解。

卡特琳和泰莎

引　言

让天赋变成创造力

既然你翻开了这本书，就意味着你肯定想了解隐形天赋，想知道自己身上的那些特质怎样才能变成创造力。隐形天赋是一个复杂的由多重因素构成的组合体，因此隐形天赋是多面的，同时每个人都用自己的方式去应对它。

在第一章中你会注意到，最近几十年来我们在天赋研究领域取得了很大的进展。整个欧洲经过一百多年的努力，才得以到达如今的高度。值得庆幸的是，当今世界有越来越多的人认为智力型人才可以与体育或音乐型人才相比较，具体而言：天赋确实是与生俱来的，但你必须对其做些什么，它才能得到发展。换句话说：只凭天赋是不能保证成功的。

比如尤塞恩·博尔特[1]，他无疑天赋异禀，但是没人敢说他不是在经过了肉体和精神上的磨练，才保持住了顶级竞技水准的。心

---

[1] 译者注：牙买加跑步运动员、足球运动员，2008 年、2012 年、2016 年奥运会男子 100 米、200 米冠军，男子 100 米、200 米世界纪录保持者。

理社会能力[2]是取得成功并持之以恒的必要条件,例如艾米·怀恩豪斯[3],姑娘年纪轻轻,才华横溢,她本可以让我们在未来继续欣赏她创作的美妙歌曲,特别是她原创的强劲歌词。艾米的天赋毋庸置疑,但她缺乏应对自身天赋的心理能力。最终,她的人生以悲剧收场。所幸,沃特·范·阿尔特[4]的故事有不一样的结局。在2017年国际自行车联盟(UCI)越野自行车世界锦标赛之前,他由于膝盖受伤而无法训练。他和马修·范·德坡[5]都属于夺冠热门。沃特·范·阿尔特在接受采访时表示,伤势不仅从身体上、也从心理上严重干扰了他的赛前准备,他之前所做的一切准备都是基于没有受伤的情况。但是他表明,能好好应对他的伤势,才是最重要的,他依然相信自己能夺冠。比赛结果众所周知:沃特·范·阿尔特成为世界冠军,马修·范·德坡排名第二……

对于自身具备的特质和潜力,我们再怎么高估精神力量的重要性也不为过。在本书第二章,我们将转向运动领域,看一看我们从体坛学到了什么。就像运动天赋无法确保获得金牌一样,一个人的

---

[2] 译者注:心理社会能力是有效地处理日常生活中的各种需要和挑战的能力,是个体保持良好的心理状态,并且在与人–己、人–人、人–事、人–物的相互关系中表现出适应和积极的行为能力。

[3] 译者注:第一个获得五项格莱美奖的英国女歌手,于2011年7月23日在英国伦敦的寓所被发现死亡,年仅27岁,死因是饮酒过量。

[4] 译者注:比利时职业公路和越野自行车手。

[5] 译者注:荷兰自行车手。

特质也不能自然而然地变为非凡的表现。不是所有的隐形天赋者都是（或者都能成为）阿尔伯特·爱因斯坦[6]。因此，一个鼓舞人心的环境十分重要：没有良好的管理和监督，隐形天赋者的潜能很有可能无法全部被挖掘出来。

从第三章开始，我们将为读者介绍更加实用的内容，帮助人们充分利用现有的潜力。本书第三章将介绍阻碍隐形天赋人群发展的陷阱，我们称其为"障碍"。我们会解释障碍的含义，帮助你找到自身已有的或潜在的障碍。这些障碍来自你自身和周围的人：孩子、学生、上司、员工、同事……

本书第四章侧重于研究隐形天赋人群如何展现自己。你是否想展现自己？你觉得什么才是有意义的事？或者你根本不喜欢展现自己，因为这将带来巨大的压力和紧张感。

本书的最后两章会给出一些建议和例子，这样你就可以利用自己的天赋取得成功。我们希望通过这种方式实现我们的目标：读者能够更好地利用和享受自己的潜能。我们坚信，每一个人都可以发展、运用自己的潜能。在这本书的结尾提到的"天赋的机会箱"可以对此提供指导。这些不仅适用于隐形天赋人群自身，还适用于所有愿意指导他们的父母、教师、领导者……你将在这本书中了解到，隐形天赋还意味着你具有非常强的智力潜能或思维天赋。它是

---

[6] 译者注：阿尔伯特·爱因斯坦，德国出生的理论物理学家，提出了相对论。他最为大众所熟知的是他的质能等效公式 $E=mc^2$，被称为"世界上最著名的方程式"。

一个难以置信的礼物，但同时也可能成为一个陷阱。未经训练的思维天赋者通常不具备足够的能力和心理素质，以开发自己的全部潜能。因此，隐形天赋者也许只能有限地把握眼前的机会。打个形象的比喻，它就像是一个小箱子，里面只能够放置有限的机会。如果我们想扩大这个箱子，成长、发展、见解、见识十分重要。当你成为一位经过训练的隐形天赋者，你就获得了一个更大的箱子，里面有更多的空间来容纳机会。这样一来，你就能在生活中继续挖掘潜能，切实地把握好眼前的、感兴趣的机会。于是，你就会真正地享受你的与众不同，成就了自己，也为整个社会贡献了自己的力量！

目 录

第一章 Chapter 1 你的特质，就是你的隐形天赋

天赋何时成了研究课题　　003

一般智力因子　　003

多元智能理论　　004

天赋≠智商　　006

天赋需要后天发展　　007

天赋需要被指导　　008

差异即隐形天赋　　009

强烈的正义感　　014

批判态度　　015

高度敏感　　017

树立高标准　　019

与众不同的感觉　　024

第二章

Chapter 2 天赋的伤，可防可治

天赋之痛 038

天赋是恩赐也是陷阱 038

进取还是消极抵抗 041

对症下药 046

治疗型的伤病政策 VS
预防型的伤病政策 046

智力型人才的伤病政策 048

第三章

Chapter 3 横在天赋面前的障碍

障碍，看不见但存在	056
把自己当作标杆	058
做成一件事需要时间	063
交流的方式	069
离开舒适区	076
犯错，是必需品	080
空的工具箱	085
强烈的情绪	088
完美主义	094
抵抗	097
社交	100
接纳自己的与众不同	103
认清障碍	105

第四章
Chapter 4 天赋模型：你是表现型，独立型，还是非独立型？

天赋，比想象中复杂	112
增强自我认知的工具	113
表现型：被赞美是我的动力	**115**
目标使人幸福	117
有把握的挑战	119
抓住机会	122
独立型：只做有意义的事	**124**
我的成功我定义	125
阻力最小的道路	128
天赋＋工具＝成功	130
坚持下去的韧性	132
非独立型：期待即阻力	**133**
信任与安全	135
无压力	136
相信自己能行	137
舒适区真的好舒适	137

第五章
Chapter 5 障碍训练是成功的前提

主动训练	148
珍视机遇	153
治愈旧伤	161
趁早预防	169
提升幸福感	172
不要逼迫	178
全力以赴	184
发展性思维	189
扩充天赋的机会箱	191

第六章
Chapter 6　隐形天赋者的成功法则

法则一：
发现、接受、尊重并利用差异　　199

法则二：
每一次失败都是进步的机会　　202

法则三：
多给自己一些时间　　206

法则四：
机会藏在兴趣里　　210

法则五：
找到适宜成长的环境　　218
对环境的合理期待　　219
不要过分依赖环境　　221
发展水平相当的人带来的刺激　　225
根本性怀疑　　226

法则六：
情绪亦是力量　　235

结　　语　　愿你的"天赋的机会箱"越变越大　　241
译者手记　　看见差异，看见机遇　　247

第一章

你的特质，就是你的隐形天赋

许多人对"天赋"这个词的感觉非常复杂,这是我们在每天的工作中都能体验到的。那些之前不情愿地来到我们指导中心的人,往往会在一段时间后如释重负,发现隐形天赋这一概念和他们之前想象的完全不一样。因此我们认为,首先深入思考一下,人们如今所知的天赋是什么,这非常重要。我们希望可以借此消除围绕这一主题的诸多误解。

首先,我们会概述一下关于智力和天赋思考的科学演变,然后,我们会谈一谈身为隐形天赋人群到底意味着什么。

天赋何时成了研究课题

从学术角度准确定义天赋的历史已超过一百年。1900年以前，对于那些依据当时的时代标准，在智力方面取得卓越成就的人，人们会使用"天才"一词。然而，"天才"很快就成了古怪和病态行为的同义词，带上了负面的色彩。

考夫曼和斯坦堡在2008年的书中将关于天赋的认识描述为四个阶段，分别是：（1）静态的一般智力；（2）智力的不同领域；（3）认识到各种共同作用的因素的重要性；（4）确认天赋需要通过培养和发展才能展现出其全部魅力（考夫曼和斯坦堡，2008）。每一个阶段都包含了其他的额外元素。

一般智力因子

斯皮尔曼[①]在1904年提出了"g因子"的概念，其中g代表general[②]或一般智力。在当时，天赋被视作一种一维的、遗传的、与生俱来的因子。同样是在1904年，法国开始实行义务教育，这意味着每个孩子都必须去上学。为了更好地评估每个孩

[①] 译者注：查尔斯·斯皮尔曼（Charles Spearman, 1863—1945），英国心理学家。

[②] 译者注：英语，意为"一般的"。

子的学习能力，阿尔弗雷德·比奈③和希奥多尔·西蒙④在1916年设计了一套测试题。要解决测试中的问题，孩子们就必须在不同年龄段掌握相应的必备技能（斯霍夫尔，2015）。这项测试无法测出孩子与生俱来的智力水平，但它可以反映出孩子在特定年龄段的表现情况。比奈和西蒙使用每个孩子的平均分作为他们的研究数据，这样一来他们就可以对比出这个孩子的心理年龄（孩子在测试中展现的水平）和他的实际年龄。简言之：一个六岁的孩子，有可能已经掌握了通常是年龄较大的孩子所具备的能力。心理年龄和实际年龄之间的差距形成了智商（IQ）的基础。这种测量方法之后也被用在了有关隐形天赋的模型中。

多元智能理论

在最初的认知中，天赋、智力和出众的表现是三个紧密相连、不可分割的概念。后来，这种一维的认知逐渐被舍弃，一种更细微的思考方式产生了（凡·荷尔芬，2016）。对天赋人群看法发生的重要转变之一，来自刘易斯·特曼⑤对天赋儿童进行

---

③ 译者注：阿尔弗雷德·比奈（Alfred Binet, 1857—1911）法国实验心理学家、智力测验的创始人。
④ 译者注：希奥多尔·西蒙（Theodore Simon）法国心理学家。
⑤ 译者注：刘易斯·麦迪逊·特曼（Lewis Madison Terman, 1877—1956）美国心理学家和作家。

的纵向研究[6]（特曼，1925；特曼和奥登，1959）。特曼跟踪研究了1500多名天赋儿童（智商超过140）的一生。在研究的开始，这群孩子被当作"超凡儿童"看待，大家都期望他们将来进入社会的高等阶层。然而这一美好期待并没有成真。参与实验的孩子们确实在一生中都有相对较好的表现，他们对自己的职位、薪水，甚至是爱情婚姻都相当满意，他们普遍比一般的美国人更加幸福，也更加健康，但他们中并没有人取得卓越的成就（斯霍夫尔，2015）。因此人们立即提出疑问：智商是不是成功人生的唯一必要条件？

霍华德·加德纳[7]在1983年提出了他的多元智能模型，对人们可能擅长的不同领域进行了区分。加德纳认为这些领域相互独立，因此可以在一个或多个领域上得高分或低分。该"多元智能理论"已经涵盖了十个领域：语言智力、数理逻辑智力、视觉空间智力（空间洞察力）、身体运动智力、音乐智力、自我认知智力（如何自处）、人际关系智力（如何与他人相处）、分类和组织智力、伦理智力以及生物智力。这一理论的影响是巨大的：人们如今会从更加细微的层面去看待智力。想想那些擅

---

[6] 译者注：又叫 Genetic Studies of Genius（天才的遗传研究）。
[7] 译者注：霍华德·厄尔·加德纳（Howard Earl Gardner, 1943— ）美国哈佛大学发展心理学家。

长计算或擅长语言的孩子,这就是多元智能在教育界的体现。因此以这种方式对孩子的天赋进行解释,是从加德纳开始的。

天赋≠智商

在20世纪90年代,除了加德纳,还有其他科学家在天赋这一领域进行研究。约瑟夫·瑞恩苏利[8]在1977年提出了"三元模型",在该模型中,智力本身已经不再是天赋的决定性因素了。瑞恩苏利将天赋定义为多元因素共同作用的结果,即:智力、动力和创造力。

瑞恩苏利认为创造力是非常重要的因素,希蒙顿也在2009年的书中提到,这一理论也许可以解释为什么"白蚁"(在特曼的研究中,实验参与者后来逐渐被称作"白蚁")在其后半生中没有取得人们预期中的成就(希蒙顿,2009)。参与实验的孩子们最初是由他们的老师挑选出来的。而老师挑选出的孩子,很有可能就是那些在学校成绩优秀、表现良好的学生。而从创造力的角度来说,有创造力的孩子经常显得格格不入,他们也许会举止欠佳,偶尔才会在课堂上集中注意力。当然,这类孩子也不是班上一直名列前茅的那种优等生。因此,具有这些特

---

[8] 译者注:约瑟夫·瑞恩苏利(Joseph Renzulli, 1936—)美国教育心理学家。

质的学生就不会参与，或者只有极少数能够参与到特曼的实验。

要使天赋全面展现出来，除了创造力以外，动力也是一个不可或缺的因素。澳大利亚教授安德鲁·马丁在2008年将动力描述为：为做成一件事，比如学习、高效工作和实现其他可能性，所必需的能量和驱动力（马丁，2008）。动力的有无，决定了一个人是取得"成就"还是只拥有"潜力"（霍赫芬，2016）。换言之，没有动力就只是"能够"，而拥有动力就可以"有效地实现"。这一点在世界范围内已经达成了共识。

天赋需要后天发展

近来出现的另一个重要观点是，一个人并非天生就具有很高的天赋，天赋必须要在后天发展。持这一观点的先锋是科学家弗朗斯·蒙克斯和弗朗索瓦·加涅。在他们的模型中，天赋不是一个静态的数据，而是一个动态的概念。因此，天赋是可以发展的，而环境（包括家庭、学校和身份相同的人）发挥着重要作用。

二十一世纪以来，在对天赋的思考中，环境具有突出的地位。比如，埃克森特拉等机构为父母提供的培训，还有越来越多的学校为他们优秀且具有天赋的学生提供的具有针对性的教育。另外，接触同自己发展水平相似的人所产生的影响也越来越多地被提及（奈哈特，2008）。在最后一章中，我们将更具体地讨论这一重要因素。

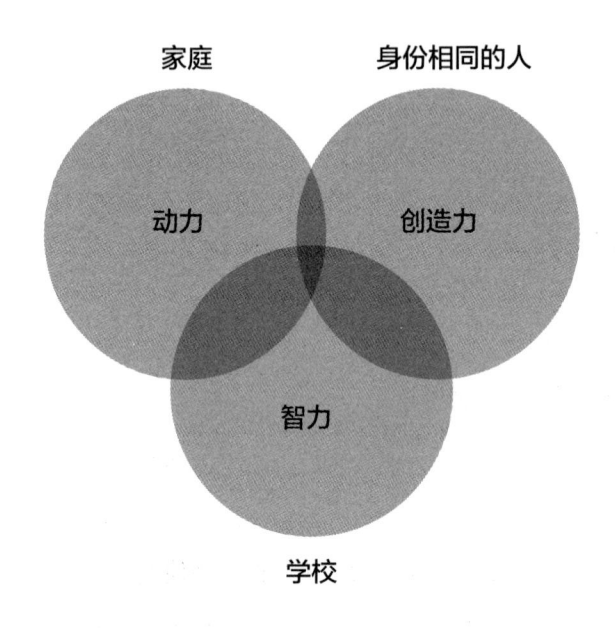

家庭　　身份相同的人

动力　　创造力

智力

学校

图1.蒙克斯的多因素模型（2011）

天赋需要被指导

在这个导读性的章节中，我们也很乐意提到莫林·奈哈特（奈哈特，2002；2008）和瑞纳·苏伯特尼克（苏伯特尼克，2014）的观点。他们指出，具有天赋的儿童、青少年和成年人需要进行智力天赋训练。为此，他们把目光转向体育和音乐方面的人才。这些人不仅需要参加密集的体育训练或音乐课程，还必须得到指导，学习应对伴随他们优异的表现而出现的具体问题。毕竟，他们必须足够耐压，知道应对压力时"应该"如何表现，学会在人群面前保持冷静……即使是智力很高的人才也需要接受心理指导，并具有良好的社会心理素质，以学习应对其天赋所带来的挑战。只有这样，他们才能充分发挥自己的潜力。

差异即隐形天赋

埃克森特拉研究出一套方法。这一方法的得出不仅基于上述前沿的科学观点，还基于我们多年来和隐形天赋儿童、青少年和成年人接触的实践经验。在此，首先急需解决的问题是，隐形天赋到底意味着什么。毕竟我们已经认识到，如果只从认知的角度出发，对天赋是不公平的。

在过去二十年里，我们接触到了成千上万拥有隐形天赋的人。有一点是我们可以肯定的，即隐形天赋是无法用数字衡量的。隐形天赋也对人的特质产生了明显的影响。在我们关于隐形天赋的思考中，这一特质也具有着更高的地位。不光是我们，越来越多的人也认为这种特质就像一块丢失的拼图。这是因为在实践中，这一特质不断证明着其不可忽视的作用。

一方面，这一特质描述的一些特征促使那些与隐形天赋人群息息相关的人，如父母、老师、领导和同事等，进一步了解他们是如何思考和行事的。另一方面，这一特质也能在很大程度上帮助隐形天赋人群更好地了解自己，学会应对自己和其他人的不同，充分发挥这种不同。

在你的想象中，智商超过130是什么样的呢？有时它几乎是一个神奇的数字，或者是人们终极的追求目标——这无疑取决于很多因素，但是我们很难具体说出是哪些因素。因此，让我们回过头来看看智力的一般分布情况。

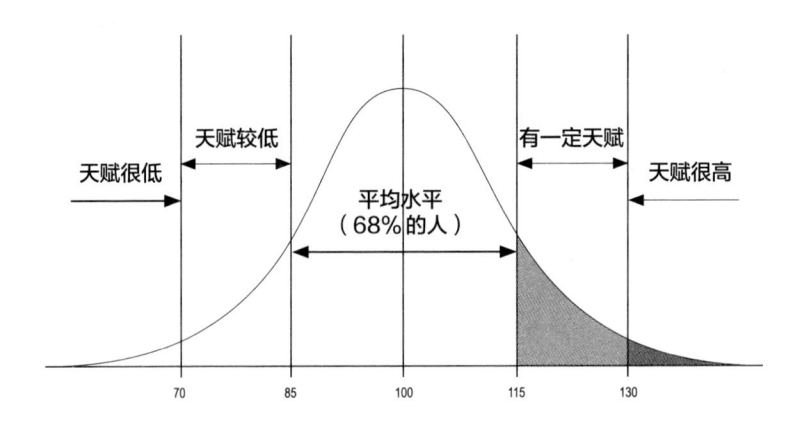

图2. 智力的一般分布图

在图2所示的高斯曲线⑨上，人类的平均智商是100，大多数人的智商在85到115之间。想象一下，你将要和一个智商为62的人谈论"数百年来的恐怖主义的形式"。不用想，这一定是一次非常简短的谈话，甚至都算不上一次谈话。毕竟，由于谈话对象智力有限，你将无法和他就此话题进行实质性的交谈。现在想象一下，你将和一个智力中等的人就同一话题展开讨论。毫无疑问，你们的谈话将更加顺畅，也更加激烈。如果你现在和一个智商138的人再次就相同主题展开谈论——请注意，这次谈话对象的智商和100的差距，与第一个谈话对象的智商和100的差距相同，但情况却完全不同——你将经历一次生动有趣、也许十分深刻的对话。

随着智力的降低，人的意识变得更加有限，这是不言而喻的，并不新鲜。而我们很少谈到的是，随着智力的提高，意识也会增强。正是这增强的意识影响了天赋的特质。

汤姆（22岁）参加了一个为天赋学生量身定制的心理训练项目。他承认，在听到了对增强的意识的解释后，他感到安心多了。"我有很多好朋友，"他告诉我们，"我可以和他们融洽相处，也喜欢和他们一起出去喝一杯，但偶尔会有些事情困扰着

---

⑨ 又叫作 gaussian curve，是正态分布中的一条标准曲线。

我。事实上，我很少谈及什么令我着迷或者让我真正感兴趣的话题。每当我谈论起这些，他们都用异样的目光看向我，显然是在问我：干吗要聊这个？你真怪！我本来可以连着几小时谈论法国和美国政治，谈论近年来政治上历经的变革及其对社会的影响。但事实上刚说五分钟，其他人就会岔开话题。"

婷娜（15岁）最近每周都来埃克森特拉参加为隐形天赋儿童开设的课程。婷娜每周五都不去上学，而是来我们这里学习。她觉得拥有天赋确实有一些好处。比如她可以花较少的时间学习，但依然可以取得好成绩；她能很好地理解他人，知道该说什么话来让整个团队都信服她。"但有时候我觉得跟大家不一样并不是那么美好，"她说，"因为我真的觉得很孤独。几个月前我才知道我属于隐形天赋人群，不过我之前就一直觉得我跟别人不一样。尽管我也有朋友，有社交，但每当我想深入地谈论一些事情，我的朋友就会说一些类似于'你怎么又开始想这些了'的话，并且求我别说这些他们毫不感兴趣的话题了。他们觉得我总是关心一些根本不需要关心的事情。美国总统大选的时候，我就很想谈一下特朗普成为总统的可能性以及因此会产生的影响，结果我得到的反应却是：这根本不关我的事，因为美国离我们太远了，就算有问题也轮不到我们操心。"婷娜时不时就会遇到这种恼人的事情，她也会经常为此生气。"我尝试着去理解他们，我认为他们对此不感兴趣倒没有什么，但是他们说美国离我们太远了，这个理由根本就不对。我朋友们的短视让我时不时觉得很孤独，甚至还常常不开心，因为我觉得，没人能理解我的内心。"

不管是汤姆还是婷娜都表现出了天赋人群的更强的意识，这也使他们的一些人格特征更突出地表现了出来。这些特征正是我们所收集的所谓的隐形天赋人群的特质。我们认为该特质是隐形天赋人群的核心。

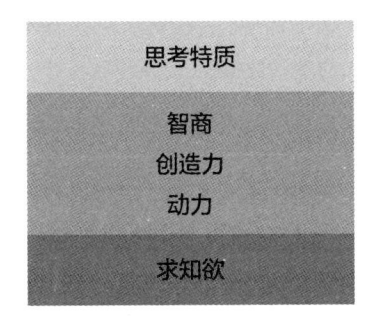

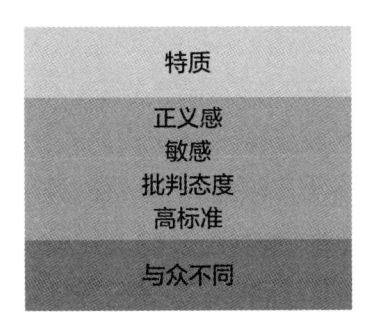

思考特质	特质
智商 创造力 动力	正义感 敏感 批判态度 高标准
求知欲	与众不同

图3. 认知模型和隐形天赋人群的特质模型

该特质由四个引人注目的特征组成，人们若拥有这四个特征，通常就意味着他们的天赋或者智力水平高，但通常自己根本意识不到：他们有很强的正义感，很敏感，非常具有批判精神，会不由自主地用非常高的标准来要求自己或身边的人。

正是因为他们拥有很高的意识水平，才会在此基础上制订更高的标准，有更强的正义感，更具有批判性，同时也更加敏感。也就是说，得益于他们强化的意识，我们触碰到了隐形天赋人群的真正核心。

强烈的正义感

我们首先关注到的隐形天赋人群的特征便是强烈的正义感。这在他们还是孩子的时候就有迹可循。这些孩子非常在乎什么是诚实的，什么是不诚实的；什么是约定好的，什么是没约定好的；什么是承诺过的，什么是没承诺过的。这就是为什么他们经常会质疑成年人的行为。"这些成年人真的遵守他们自己教给我们的准则吗？"这是很多隐形天赋的孩子们会对父母和老师等其他人做出的反应。一种常见的违背正义感的行为是，在激烈的争论或争吵中迅速颁布一个新的规则。孩子们便会问到底，为什么你要提出一个新的规则，或者为什么你要改变约定，如果你没法给出充分的解释，情况就失控了。诚实和真实对他们来说至关重要。如果他们在其他人身上发现了这两个品质，便会放心地与其相处。

对成年后的隐形天赋者而言，约定是神圣的，准则和价值也同样是敏感点。因为他们需要对其他人的准则和价值有认同感，才可能真正与其建立联系。这可能会导致职场上的问题。

只要强烈的正义感不会妨碍自己的生活，它就无疑是一个强有力的特征。

安东（38岁）："我知道我可以胜任更高的职位，但是一旦你在一个组织中处于一定的位置，你就会面临政治游戏。你的工作能力突然就不如你的人际关系和社交能力重要了，你得推销自己，确保自己在哪里都可以跟别人相处得很好。我觉得这特别烦人。我认为更应该得到发展机会的是那些有能力的人，而不是精通政治游戏的人。只有拥有能力才能让一个企业进一步发展，并且长期保持成功。当我看到有些同事总是优先考虑个人利益，真的会反胃。说实话我觉得自己也有些天真，我会不断追寻对企业最好的选择，我就是控制不住自己。当然我也会纠结，因为如果我能把政治游戏玩得更精明一些，我早就身居高位了。但我还是认为能够在镜子里直视自己更重要一些。"

批判态度

隐形天赋人群的第二个特征就是他们的批判态度。通过强大的思维能力和快速了解复杂情况的能力，他们可以快速评估差距，并发现机会。他们会用他们极其强大的洞察力进行非常犀利的分析，而且往往是出于好意。为什么在这条路上散步，另外一条不是更有趣一些吗？为什么你们会这样看这件事？难道没有其他选择了吗？你们有没有想过……？诸如此类。无论这种批判态度本质上多么积极和有建设性，都会带来一个不好的后果。别人往往会认为，提出批评性建议的人自以为是、傲慢，甚至会成为严重的威胁。

米歇尔（29岁）："显然我的同事经常把我视作威胁。对此我很诧异，因为我很愿意和大家分享知识，让大家从中受益。我有想法就会说出来。但他们不是抄袭我的想法就是无法理解它，对我很是防备。"

欣赏这些批评看法的人会认为，提出批评的人非常诚实和真实。他们认为这可以让合作效果更好。

安德烈亚斯（17岁）在大一的时候取得了非常棒的成绩。他学习兽医学，并且对病理学有很大热情。他也非常喜欢教这门课的教授。每节课他都听得特别认真，把这位教授讲的所有知识像海绵吸水一样全部吸收。这位教授会以临床实例为框架，从实例中引出每一个新元素，安德烈亚斯则会急切地对这些新元素提出各种各样的问题。他会寻找不同病症之间的联系，尝试对老师在课堂讲解的例子找出其他可能的解释。安德烈亚斯向教授指出了两种解释的差距，教授认为这很棒，并说自己之前从来没有遇到过这样一个充满求知欲的学生，感谢他给出这样的反馈，帮自己在专业领域获得了更多的新见解。

高度敏感

隐形天赋的第三个特质是显著的敏感[10]。敏感作为拥有天赋的后果，主要展现在两方面。一方面，具有智力天赋的人经常会担心。由于具有较强的意识，他们更容易感知到潜在的问题和可能的危险。另一方面，他们也对"信息背后的信息"很敏感。如果某些人在某些特定场合缺乏诚意和真实性，他们会立刻察觉。如果他们遇到了表里不一的人，会把这视为对信任严重的违背。幸运的是，相反的情况对他们也适用。如果能得到很多有建设性的、真诚的反馈，感受到很多令人鼓舞的信号，隐形天赋人群的忠诚度也会明显增强，感受到自己的无限能量。他们认为这种环境充实而鼓舞人心。他们将不畏艰险，全力以赴。

不幸的是，如果环境非常消极负面，也会对他们产生重大影响。他们无疑会因此无法正常工作，甚至会退出，即使他们觉得他们的工作或者任务非常鼓舞人心。

---

[10] 这里常会提到的一个问题是，这是否能够与波兰精神病学家达布罗夫斯基（达布罗夫斯基，1970）所描述的过激性相比较。达布罗夫斯基提出了"过激行为"得以彰显的五个的领域，这些领域位于精神运动、智力、感官和情感层面以及幻想层面。詹姆斯·韦伯 (2013b) 表示，天赋人群的这种过激行为或者过度兴奋可能发生在这五个领域中的一个或多个。正如我们在特质中提到的敏感，它发生在所有天赋人群中，因此在这里不同于达布罗夫斯基的情绪过激。

汉娜（35岁）："这花费了我一些力气，但是我最终感受到了，我在现在做的工作中找到了自己的路。我负责一家由三位妇科医生开设的集体诊所的秘书工作。这非常艰苦，但很愉快，因为我的妇科医生们，在过去的几年中真的开始信任并欣赏我了。之前的秘书令他们很不满意，所以我能理解他们一开始对我有所保留。最初几天我并不是很快乐，我对他们有点漠不关心的态度感到极度的不安。一周之后我就考虑辞职了。他们友好、有礼貌，但是他们总是和我保持着距离。我强迫自己再坚持一下，在三个星期后我意识到了，他们匆忙且有时很冷酷的行为，与他们繁忙得让人难以置信的日程有很大关系。没人注意我，有弊亦有利，我能够更加心无鹜地处理每一项工作，并发展自己的工作体系。我在梳理前几任秘书留下的烂摊子的同时，清晰地看到了诊所的发展、繁荣和运作，我找到了协调各个部门工作的方法，这让我在未来三年里非常受益。这听起来可能有些夸张，但我一直觉得，我的三个老板如今都对我很钦佩。他们中最年长的那位，在20年前建立了这个诊所。在我生日那天，他在卡片上写道：为什么我没有在20年前就招聘你？我到现在看到那张卡片时，偶尔还会有些哽咽。老实说，我觉得医生们其实不知道我每天都在干什么，但是他们只是很感激，因为他们从来不用担心账目、电话、预约、咖啡或者候诊室里出现混乱。他们让我做我自己的事，自发地在秘书日给我加薪送礼物。但这不是重点，重要的是，当家中遇到困难，或者当一个患者出现问题的时候，他们三人真的信任我、尊敬我，有些事全权让我处理。他们经常表扬我，尤其是在极其忙碌的日子结束之后。我以前的工作做得都不长久，因为我总被当成'接电话的花瓶'。在我的职业生涯中，我第一次感觉我热爱自己的工作。这份工作让我变得更加有活力，我觉得也许这就是我想一辈子做下去的工作。"

树立高标准

隐形天赋最具有影响力，但也经常是最无意识呈现出来的特征，毫无疑问，就是树立高标准的能力。如果你具备非常强大的思考能力，那么就能够进行复杂的推理，对自己树立高标准经常是自发的。如果你能够发散思维，那么符合逻辑的是，你会把一个任务处理得比原本打算的更加复杂。

假设：你让一个4岁的孩子画一个汽车。大多数孩子就画一个矩形，下面有一些圆圈，就算完成！一个隐形天赋的孩子会想在纸上画出一张完美的"汽车照片"。但是这种期待当然完全不切实际。如果高标准最终表现为对自己提出了不现实的要求，那么放弃、不想开始做一项任务、对自己取得的结果不满意、失控或者害怕失败，有时候就成了这件好事不好的一面。

放弃或者甚至都没有开始做某一项任务，是一种常被人忽视的机制。隐形天赋人群通常会给出非常可信的理由，解释这件事为什么不必（再）做了。不幸的是，在实际中这一次次被归结为：无数有能力的成年人拒绝有趣的挑战，拒绝晋升，从来不采取行动，从来不申请成为候选人，听到一点批评就放弃，不参加资格测试，最终申请不了他们梦寐以求的职业，等等。原因很明显：他们无法应对与挑战相关的期望。那些的确主要是他们自己创造的期望，也的确是他们自己必须满足的期望。通常他们没有意识到，这些期望不一定是人们真正对他们的期待。树立高标准有可能产生阻碍，导致你的潜力无法被利用、倦怠、厌烦、抑郁……如果隐形天赋人群（认为）没有达到对自己的高标准，他们经常会变得极度害怕失败。这种情况在隐形天赋的孩子中非常常见，他们觉得自己完全不被允许犯错误，这就不幸地导致他们（突然）不再想做某一件事或者过早就放弃了。他们的表现低于其能力。很多有天赋的成年人会在某一个时刻，在专业领域里放下他们所有的野心，接受命运的安排。每天都做流水线上的机械的工作，没有问题，不必多想，做就是了。但在家里，他们还是会沉迷于建造复杂的网站或编写巧妙的电脑程序，纯粹是为了补偿。

给自己施加不现实的、甚至完全无法实现的期望，也会产生相反的后果。对一些人来说，也正是这种"高标准"促使他们不断突破极限，一刻都不会停下，尽管因此而超负荷。往往也正是这些人，无论他们是否拿到了某些特定的文凭，迟早都会在工作中遇到麻烦，因为他们从来都不满足于自己的工作或取得的成就。他们自发地要做得更好。

米尔特（41岁）："我一生中都在为自己设定高标准。小时候我经常和父母和姐姐一起去爬山。每天的徒步都很辛苦，而我不断地面临选择，是一起爬山，还是跟妈妈游一天泳。我当然觉得两个都很有意思，但是我一次又一次地选择了爬山，尽管我知道在泳池边也坐着很多有意思的小朋友，也有有趣的活动。我内心中有某种东西迫使我参加艰难的登山活动，即使我那时只有8岁，对参与这种艰难的徒步来说还太小了。上学的时候我总是班里的第一，部分出于天生原因，部分也因为我尽全力取得好成绩。如果有哪次得了一个8分，我肯定不满意，然后我会更努力。音乐是我的爱好，在这方面我学得也很快。我当然希望可以一个错误都不犯地演奏某些作品。我在这方面也下了很多工夫。如果我从老师那里得到一首曲子，我会去网站上搜索专业钢琴家弹奏它的视频。我反复听它直到厌烦为止。我希望掌握好每处细节，哪里由弱变强，演奏的方式，在每个音节和每次按键时,他都带着怎样的感情去演奏,等等。直到我吸收消化了所有要注意的细节,不出错地完整演奏完整个曲子,我才停下练习。这花费了我很多时间去练习,一遍又一遍相同的乐章,相同的几个小节……如果我需要进行公开的考核或表演,我就会承受巨大的不健康的压力。但是事后,评论席中总是一片赞扬,这会让我上瘾。

　　成年之后,我想继续保持这种热情,但变得越来越困难。我逐渐意识到两种速度的存在,即我自己和我身边的环境。这两者当然产生了碰撞。我不仅倾向于为自己设定高标准,也同样给和我一起工作的人设定了高标准。我会一直工作,直到一切变得井然有序。这导致项目很快就变得很大,经常花费比预定更长的时间。我也会倾向于自己做所有的事情,这样做更快,而且会根据我自己设定的标准进行。一周工作七天,假期也给工作让位,这对我来说是常态。而在团队中,这却不能发挥很好的作用。它经常让同事们感到沮丧和产生抵触情绪,给我带来很多压力和对失败的恐惧。去年,我有机会接触到一个非常有挑战的项目。尽管实际上我很喜欢这个项目,但我还是拒绝了……我很明白我为什么会拒绝,我在这个项目里看到了太多的可能性,我没办法在要求的时限内给这个项目画上一个'美好的'句号。"

当然，树立高标准经常起到积极作用。有着很强思维能力和复杂分析能力的隐形天赋人群，经常取得独特的成就。只要他们的期望是切实可行的，也愿意在必要的时候进行调整，这个性格特征便利大于弊。

史蒂芬（45岁）刚大学毕业就进入了一家大银行实习。轮岗两年后，史蒂芬的导师对他超强的能力非常满意。他们让他负责大公司客户的组合投资。史蒂芬在最短时间内熟悉了"他的"公司客户，并明显对这种高层接触乐在其中。多年后，他成了一位受人敬仰的银行家，即使在全球危机中，他也能做出有创造性的解决方案，而他很多的同行都失败了。史蒂芬以一种外交官式的、近乎幽默的方式进行沟通，他知道如何评价和激励人们，认为任何努力都不是多余的。简言之，史蒂芬是一位"金融工程师"，为他的客户和职业奋斗终身。在圣诞节和新年期间，以及暑假的两个星期内，史蒂芬专心陪伴家人。除此之外，他也有休假和周末，但是他仍不分昼夜地等候着客户们的调遣。

与众不同的感觉

共同构成隐形天赋人群特质的四个特征，往往会导致他们感觉与众不同。

卡特（53岁）说，由于她的思维方式与他人不同，她常常感到孤独。总是想得更多更深，使她感到不能被朋友们真正地理解。"一旦我提个建议来帮助他们，或者对某种情况提出不同看法，或者对某个问题做出解释，他们只会惊讶地看着我，好像很纳闷我到底在说些什么。这些事一直让我感到很痛苦很悲伤。而且，也许更糟糕的是，这些事总让我觉得我是错的。我知道这听着挺傻的，但这些经历让我感觉自己非常愚蠢。"

"与众不同"感的影响绝不能被低估。对于拥有天赋，却出于某种原因（还）没能够把潜力完全发挥出来的成年人来说，这可能带来巨大而无形的悲伤。此外，一个人在儿童时期如果未被"认可"并接受适当指导，在成年时期才意识到自己的天赋，往往会经历一个不顺心的阶段。作为一个孩子，他们经常会把自己的与众不同视为"愚蠢"，而直到成年才会意识到与众不同和"愚蠢"是两回事。事后回想起来，他们当初根本不愚蠢，但他们仍错过了很多机会。巨大的潜力就这样一去不返，是自己的损失，也是社会的损失。

另一方面，与众不同的感觉，不同的思考和行为方式也是一种巨大的优势。上文描述的隐形天赋人群的四个特质,能像放大镜一样帮助我们观察某人具备的潜力。前文例子中的安德烈亚斯就凭借他强烈的求知欲、批判态度和高标准,成功在病理学课程中取得19.5分的成绩(满分20分),而80%的学生通常在第一学年都无法通过这门课。这表明隐形天赋人群的特质只要在个人发展中得到适当的指导和训练,就有机会成为他巨大的优势。

无论他们是否会"有所成就",隐形天赋人群都会敏锐地感受到自己与众不同、拥有不同的思考和行为方式。这归功于他们明显过人的智商和同样高的意识水平。智商只有62意味着此人只能在有限的程度认识自己的周边环境,但一个智商为138的隐形天赋者能非常敏锐地感知周边环境。

想要体验身为隐形天赋者是什么感觉,最好的方法是去设想一出生就通过放大镜观察事物。现在想象你把这个放大镜对准一朵花的叶子,一个没有放大镜的人坐在你旁边,你问他:"你觉得这片叶子上的结构怎么样?看看这些叶脉里美丽的支路,好多啊。"他很可能会沉默地看着你,因为他连一根叶脉都看不到。对他而言,这只是一片普通的绿叶,虽然它看起来确实挺漂亮。这个例子恰当地表明,隐形天赋人群体验世界的方式,和大多数人比有着明显的差异。

放大镜自然只是在打比方，但可以用来很恰当地描述隐形天赋人群。同样的放大镜也有助于正确地看待社会情感健康状况。

艾琳娜（9岁）有两个非常好的朋友。当其中一个朋友来她家里过夜时，艾琳娜告诉了她一个秘密，她喜欢上了加斯普。艾琳娜让她的朋友保证不泄露这个秘密，但几天后她发现学校里每个人都知道了，因为有两个女孩一时兴起，问了她加斯普现在怎么样。艾琳娜非常气愤。

9岁儿童的意识水平通常不高，不能真正了解保守秘密的意义。但艾琳娜先天拥有一个放大镜，所以她很早就意识到了秘密应该被好好保守，就像医生和律师的专业保密义务。因此，艾琳娜的愤怒程度很可能会远远高于一个9岁孩子的程度。现在的问题当然是艾琳娜将如何在她最好的朋友背叛她（在她眼中）之后使用她的放大镜。

她可以用积极的方式使用她的放大镜，看到她这个年龄的女孩通常对秘密不怎么小心。她可以从中得出结论，如果她今后再想分享一个秘密，而且不想人尽皆知，最好还是和关系好的阿姨分享。此外，她也可能意识到她最好的朋友实际上人很好，和她一起玩也很开心。如果艾琳娜以这种方式使用她的放大镜，很可能她们几天后又是最好的朋友，只是艾琳娜之后和她说话前得更小心些。

但是，艾琳娜也可能以完全不同的方式使用她的放大镜，通过观察无数的事件，从中得出结论——9岁的孩子真的不可信。艾琳娜可能从此不再把这个女孩视为朋友。如果艾琳娜以这种方式使用她的放大镜，那么当谈及与同龄人的友谊时，艾琳娜可能一直会心存怀疑。由此能看出，使用放大镜的方式是因人而异的。因此，父母和老师有义务教导隐形天赋儿童如何正确地使用放大镜，使他们能够在社会情感方面成为全面发展的个体。

如果你开始有点儿明白放大镜的工作原理了，那么作为"局外人"的你，通常也可以识别天赋或发现潜在的人才。不久前我观看了一场舞蹈表演，一位同事低声对我说，那天的几名5岁的舞蹈演员之一，索菲，因为具有发展优势，报名参加了埃克森特拉的课程。我坐的位置离舞台很远，决定测试一下，看看自己是否能够从舞台上的35个小舞蹈演员中认出索菲。还不到半分钟，我已心中有数，但还是在两个女孩间纠结。演出结束后，我拜访了索菲的父母并问了他们的女儿是谁。我选中的两个女孩中，其中一个确实是索菲，我也得知，另一个女孩也被确认具有发展优势。我着重观察了什么呢？在于放大镜……我事先知道索菲非常喜欢跳舞，发展优势表明她很可能自打出生就手持放大镜。然后我马上就能推断，她通常会是一个好学的女孩，并且总是试图学习和模仿舞蹈老师的每一个动作细节。这些特点正是我从这两个女孩身上所观察到的。她们比团队中的其他孩子更注重细节，尽管事实上她们还没有足够好的身体条件来完成自己想要做的动作。团队里谁实际上跳得最好，此时并不重要，我也就没有特别在意。重要的一点是，隐形天赋人群的放大镜不仅能影响他们吸取认知类知识的能力和对事物的分析，还能影响很多别的东西。我们经常能看到，有些孩子不仅在认知方面表现得非常好，而且在音乐、体育或视觉艺术方面也脱颖而出。再次强调，如果他们最终选择了自己的天生兴趣，并有机会积极地使用放大镜，他们是不会放弃追逐的目标的。

也许现在，你更能理解隐形天赋的含义和拥有隐形天赋意味着什么了。幸运的是，目前对隐形天赋人群的各类广泛的认知，已经完全转化为实践方法，运用在与隐形天赋儿童、青年和成人的交流中。在比利时和荷兰，对隐形天赋人群的认知推动了课堂差异化教学，为儿童和青年提供更丰富的课程。在《天赋：如果你的孩子（不）是爱因斯坦》[*Hoogbegaafd. Als je kind (g)een Einstein is*]一书里，你可以了解到更多关于这方面的信息。受过良好训练的教师知道他们该如何运用教学法，在课堂上实施认知干预，并每天都会发现，这些措施非常有意义，既关注隐形天赋学生的表现，也关注他们的幸福感。除了加强隐形天赋儿童的认知力之外，丰富多样的方案（例如提高班/高级班或课外活动和营地）更加关注隐形天赋者与身份相同的人（发展程度相当的孩子或其他有天赋的孩子）的接触。和普通的课堂环境相比，这不仅提供了更多挑战认知的机会，还为隐形天赋儿童和青年带来了额外的提升。毕竟，他们不再是唯一"不同"的人。

这种方案的有效性已在全球范围内得到广泛评估和验证。多年来，在埃克森特拉内部，我们体会到了针对能力较强儿童和隐形天赋儿童的日常而设立的课程的好处。这也是我们在小学进行广泛的、基于科学的职业培训计划的最重要的原因。目前，我们已经在法兰德斯地区培训了不少所谓的"埃克森特拉学校"。

由哈瑟尔特大学研究天赋的教授主持并受到"追寻幸福"基金资助的科学研究（维雷斯等，2017）表明，埃克森特拉学校的培训为教师和学生双方都带来了积极的影响。在教师层面，我们发现他们在课堂上针对有才能和天赋的学生进行干预时，信心大大提升。通过培训，他们在班级内进行差异化教学的意愿也大大增加。此外，专业知识的储备也有显著提高，一些教师甚至表明，一旦搞好对隐形天赋学生的差异化教学，他们就有更多的时间在课堂上辅导较弱的学生。我们也看到了这些活动对孩子自身的影响。他们对差异化的学习任务的求知欲大增，无聊感减少，自信心提升，学习态度也有很大改善。同样显而易见的是积极行为的增多和幸福感的增强。超过90%的父母表示，他们在孩子身上看到了这些正面的影响。

对隐形天赋成年人也可以使用这种认知干预。工作重塑，即员工通过调整工作岗位来再次提高认知满意度就是一个例子。但正如教师在孩子身上发挥着极其重要的作用一样，对于成年人而言，管理者能够识别、指导和激发他们的智力才能是非常重要的。此外，旨在利用稀缺人才的人力资源政策具有巨大的附加价值。近年来，这也是埃克森特拉的努力方向。我们为经理、人力资源员工和隐形天赋员工组织培训课程，每天都能在工作体验和福祉方面取得积极成果。

但事情还不止于此。我们的实践经验已经清楚地表明，要使隐形天赋人群取得成功并发展相关的潜能，还需要更多的工作。一方面进行认知干预，另一方面与发展程度相同的人接触，但这些还远远不够。20多年对超过6000名隐形天赋青年和成人的研究让我们对该群体有了更深化和细致的分析和认识。我们希望能借此为天赋认知的发展和进化做出贡献。多年来，我们越来越意识到这样一个事实,即从国际角度来看,可能很少有人拥有与我们一样多的实践经验。因此,我们认为将这些经验转化为对天赋的准确全面的思考是很重要的,因为这将造福整个社会。

对隐形天赋特质的介绍是我们在这方面的第一个重大突破。在此之前,对"隐形天赋意味着什么"这个问题还没有答案。从此我们知道,隐形天赋是一系列特质的组合,主要受"拥有隐形天赋是什么感觉"影响,正负面的影响都有。有些人觉得自己与众不同,因此更强大;另一些人可能会因此产生疏离感。如前文所述,通过对隐形天赋特质的介绍和重大突破,不仅是隐形天赋的孩子和他们的父母,而且有越来越多的隐形天赋的成年人受到了认可,甚至找到了此前无法回答的各种个人问题的答案。

通过这本书,我们希望能让你了解我们对隐形天赋认知发展所贡献的第二个突破。我们将详细说明一个事实,即为了感觉良好,能够运用你的潜能是绝对必要的。相当多的(看不见的)障碍阻碍了这一点。人们早已明确,天赋需要被培养。人不可能一出生就像百科全书一样知晓历史演变的知识,或掌握牛顿定律。知识是通过学习和积累得到的,用于推理、探索和创新。然而,仅仅获取知识并不足以培养智慧型人才。高效学习、集中注意力、坚持不懈等技能应该从幼年开始训练，这对培养智慧型人才也是必不可少的。

人才是可以通过后天发展培养的，这一观点并不新鲜。比如在体育界，对年轻运动员的指导是一个非常重要的起点。近年来，我们在对智慧型人才的实践研究中发现，套用体育界的培养方法非常有效。所有这一切都让我们有必要谈一谈智慧型人才所面临的最常见的障碍（在本书之后的章节里，我们会列举这些障碍）。挖掘潜能、使用能力和技能培训的道路非常艰难，但我们从中看到了许多好处。一方面，这种方法可以发掘更多未开发的潜力，这只会有利于智慧型人才的健康和幸福感。另一方面，我们也想为社会做出贡献。毕竟，智慧潜力是我们最重要的"资源"。作为社会中的一员，我们有义务尽可能多地开发这种资源。但这就是问题所在……天赋仍经常被视为奢侈品，人们仍常常觉得，这很难被普遍推广。

如果有天赋的孩子受到真正的挑战，并且与其他发展情况相当的人充分接触，他们将以平衡的方式成年。虽然这个事实逐渐被普遍认识和接受，但实践仍非常落后：对它的真正关注被视为一种做作，毕竟除此之外还有许多其他的问题值得关注。而且，如果有人真的那么聪明，那他自己就能过得很好。展现点个性就行了，不是吗？这些理念和想法仍然存在，我们每天都会遇到这种情况。这正是我们难以取得进展，并让大家了解对隐形天赋的新见解的原因。

技术的发展也许能够用来更好地发掘隐形天赋人群的潜力。但我们目前仍缺乏研究资金、补贴和广泛的社会支持，这正是源于对隐形天赋人群的误解。几乎没有任何激励措施鼓励人们进一步思考和研究，这些隐形天赋儿童和成人为了获得成功还需要哪些支持。我们必须要好好思考一下这个问题。毕竟，如果这些孩子长大后取得成功，这份成功不仅是个人，更是整个社会的成功。所以我们是不是应该毫无保留地帮助开发这些孩子的潜力？如果我们自己或亲人患重病，我们是不是会去寻找最先进的医疗团队？难道我们不喜欢被最鼓舞人心和最循循善诱的老师教导吗？难道我们不喜欢那些能帮助社会发展的产品吗？

讨论这种话题总是有些风险，毕竟，我们似乎是想要宣称"与众不同"比"一样"更好，更重要。当然情况并非如此，即使我们可能会因此而陷入困境，但只有展现事实真相才是真正公平的。我们认为现在是时间改变了，这也是我们埃克森特拉内部的努力方向，我们也特别想用这本书，对此做出贡献。

第二章

天赋的伤，可防可治

抛开迄今为止人们对隐形天赋的了解和我们概述的内容，实践经验让我们确定，要想让隐形天赋人才充分发挥潜力，需要更进一步加强对他们的指导。为了让您对这一步有更深入的了解，并有效地让您理解我们的推论，我们将谈一谈数十年来我们在天赋开发的领域，即顶级运动领域进行的探索和发现。

聚焦体育界如何对待天赋是非常具有启发性的，毕竟那里每天处理的许多问题也在我们研究的领域出现。一个运动员如何在表现出色的同时也能心理健康发展？对待体育型人才和智力型人才的方法之间是否存在相同或不同之处？我们在本章提出的核心问题是：如果我们想要帮助智力型人才在表现和社交情感方面进一步发展，我们能否从（顶级）体育界中学到一些东西？

在体育方面表现出色是一种广受社会认可的天赋。每个国家都非常愿意建立最好的足球队，当顶级网球运动员或自行车冠军诞生时，整个国家的爱国情怀就会迸发。想想人们共同见证世界锦标赛和奥运会决赛的情形，想想当我们的国家足球队里不乏人才，却表现不佳时，我们是多么不高兴？我们会不遗余力、不惜代价地培养人才。

然而，如今我们所熟悉的体育界中的人才发展，并不是一天形成的，而是多年来经历了重大变化而形成的。过去人们认为，除了天赋和高强度训练，坚韧的意志和个人品格是成功背后最重要的因素，如今人们把更广泛的因素也纳入其中。为了培养人才并确保新兴运动员真正达到最佳表现，正确的环境非常重要，我们必须考虑到运动员的个性，使其获得最先进的器材，并在多个方面给予指导，使其能够完美应对饮食、健康、体能预备、伤害预防和心理恢复能力等方面的问题。

长期以来，体育界一直针对青少年，也针对顶尖人才和专业人士进行广泛的最优化分析。如果这些人才未能有顶级表现，他们会寻找原因。人才的发现是否及时？指导能否被改善？体育界不断采取行动来自我改进，避免遗漏机会。各种青年项目必须及时发现好"种子"，提供正确指导，帮助他们取得成就。但智力型人才却经常难以获得指导，这个问题甚至从未在社会讨论中被提到，这不是很奇怪吗？

在分析我们的媒体如何对待天赋人群时，你就已经能够看出这一点了。你读到的不是7岁神童连跳6个学年后在医院工作，就是天赋带来的无数悲剧。当我们观察学校对待高天赋人群的方法时总会发现，如果学校已经在关注他们，那么他们的处理方法总被归为"关怀"。

作为一个天赋者，你首先得自我感觉差，行为暴躁，表现不（再）佳，之后学校才会采取行动，制订关怀计划。然而天赋原本应该是一个积极的表现：它需要发展。

大家能发现，体育型人才得到的关注和指导方式与智力型人才的完全不同。正是这两个世界之间的差异激励了我们在智力型人才指导方面要迈出一大步。在接下来的内容中，我们想概述一下与顶级体育运动界的显著差异，并以此为基础，进一步扩展我们与智力型人才的合作。

天赋之痛

天赋是恩赐也是陷阱

这里我们要注意的第一个不同点，是人们看待运动天赋和智力天赋的方式。运动天赋被视为机遇：奇妙的探索适合用来开始一段新旅程的美好挑战。各个运动项目的高水平俱乐部，不断地在全国各地巡回，尽可能多地挖掘具有才华的年轻人，毫不犹豫地与他们合作。这和智力型天赋人群的情况是多么的不同啊！提到后者，人们往往首先想到的是问题和担忧。通过以下两个例子，我们就能清楚地看出它们的不同。

在一场10到11岁孩子的篮球比赛中，两名球探也到场了，他们是来寻找具有篮球天赋的孩子的。他们的目光落在一个显然具有巨大潜能的男孩身上。他的篮球能力非常出色，他完美的突破给人留下了深刻的印象。他打球时的视野十分开阔,并且可以双手打球。两个球探都很受鼓舞。他们很高兴能够挖掘到这样有天赋的球员。

然而他们也看到了这个男孩的不足。他有过一次错误的传球,当他的队员没有看到防守的空档时,他便开始谩骂。对方球员的防守有时非常强悍,以至于他无法向前突破,这显然让他很不高兴。他也错过了很多投篮得分的机会,之后他沮丧地哭了。接下来,裁判做出了一次错误的判决,这让这个男孩很生气,因为他觉得自己受到了不公平的对待。在这次事件之后,他的教练把他拉到场边,而他在场边表现得十分愤怒。

在比赛结束后,两位球探都急切地想认识他,好游说他。他们都看到了他身上的发展潜能:如果人们能够正确地引导这个男孩,也许能够让他成为一名顶级球员。他的技巧确实还不完全符合他的年龄,在心态方面也有很多需要改善的地方,但是在正确的引导下,他们确信他会顺利发展下去。

安娜(7岁)的智商为148。在一次学校咨询会上,她的母亲哭了。因为一位心理学家表示,这个孩子将无法在生活中找到清晰的人生道路。其他与会者也证实了这一点,会场立即被痛苦阴郁的气氛所笼罩。然而,安娜在智商(IQ)测试前的表现并不完全是消极的。这个女孩喜欢和比她高一两个年级的孩子一起玩；在语言方面，她的水平已经明显高于这个年龄应有的水平，在上一年级之前已经认识了一些字，提出的问题也比同龄人多得多。她喜欢上学，并且有很多擅长的爱好。她的父母想知道她是不是天赋极高的儿童，于是让他们的女儿接受了测试。

即使是一个知道该如何与各种学生打交道的学校，也经常把过高的天赋视作其一直获得成功的风险因素。对于安娜也是如此，教育团队已经自动默认，她很难适应他人和周边环境，无论是让她保持上学的动力、教她如何正确学习还是让她在课外接受额外的挑战都不容易。尽管这个小女孩目前表现很活跃，但人们对她的未来表现出各种担心。也就是说，虽然现在她开发自身潜力的过程还算顺利，但她的潜力并没有被视为积极的东西，她正被一系列的担忧和恐惧所包围。

因此，在这里出现了一个巨大的矛盾：在体育界中，天赋被视为机会，而智力天才则多半被视为问题。而且，我们在后面还会提到，人们给予体育天才足够的时间发展天赋，提到他们，人们想到的是可能性和成长。而对于智力型天赋儿童却正相反，正如我们将在下一节中进一步说明的那样，人们几乎期待他们立即成才。人们很少给他们时间成长，更不用说什么成长计划、发展规划了。简言之，我们对待体育天才和智力天才的方式有着巨大的差异。

进取还是消极抵抗

顶级运动和智力天赋的第二个显著差异在于人们在这两个领域里看待潜力和表现的方式。

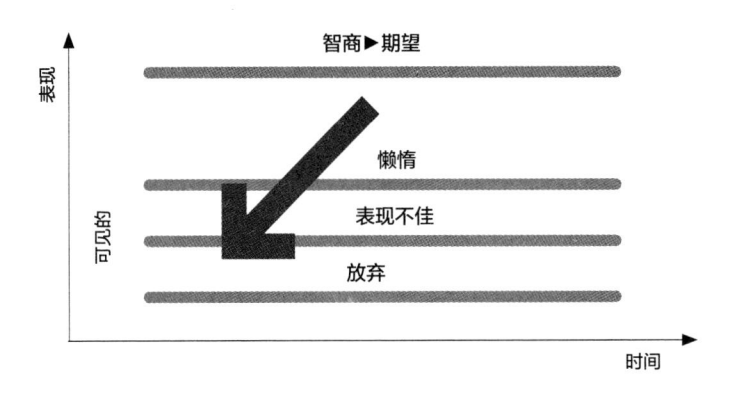

图4. 智力潜能的发掘与相关的期望模式的关系

如图4所示，一个人一旦被确定为高智商，人们对他的期望值便立即展现出来（最上面的线）。如果一个孩子的可见表现（一般在学校）略低于最高期望值，而且他也没有为此付出太大努力，人们会指责他"懒惰"。如果可见表现再差一些，人们就会说他"表现不佳"；更差一些，人们就直接"放弃"期望。

人们如果猜测一个人有天赋，通常会使用智商测试或其他可比较的标准化测试来确定他的能力。测试的结果会立即与对潜力和表现的特定期望模式挂钩。测试的结果越好，期望值便越高。

如果一个孩子在测试中展现出了很高的智商，很自然地，人们会认为他在学校里也能取得很好的成绩。人们往往缺乏耐心为孩子提供机会，让他们得以发展出足够的能力，他们认为好成绩是理所当然的，应该和高智商相符。如果这个孩子的学习成绩欠佳，不符合其高智商所带来的期望，不解的、甚至是彻头彻尾的负面评论便随之而来："你这是典型的表现不佳"，"你可以比这更好"或"这样下去你没有未来"。

有智力天赋的孩子们即使在学校里表现良好并且很开心，也会经常听到各种议论。比如，由于他们的天赋，他们不需要付出太多努力便可以取得相对较好的成绩，很多家长和老师便会对此表达他们的失望之情："你有这么好的资本，如果更努力一些，你可以做得更好。"如此武断地把缺乏努力描述为懒惰、冷漠和一条通往不太令人满意的未来的"捷径"，是很伤人的。我们可以用一整本书来讲述人们对于高天赋孩子的指责和偏见，哪怕他们的学习成绩还算不错，这些指责和偏见仍从校园生活伊始便给他们当头一棒。普通学生的成绩反而更能让家长和老师感到满意，即使他们也应学习得"更努力"些。

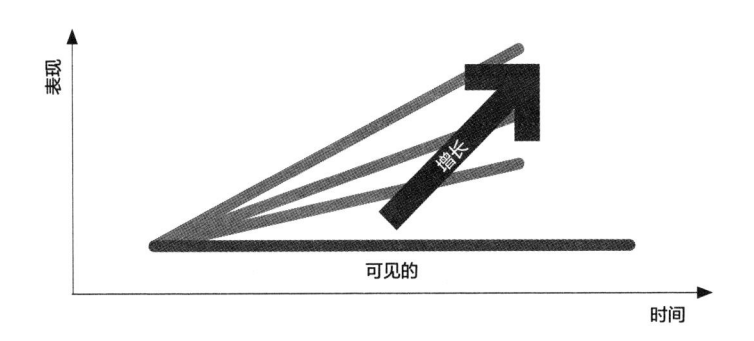

图5. 体育人才的发掘与大众对其期望模式的关系

如图5所示,如果在体育界发现潜在人才,人们会关注他的可见表现和增长潜力,其中的决定性因素主要是增长潜力。然后,人们会花时间,通过全面的训练和指导来努力提高他的增长曲线。

人们会以一种截然不同但更加健康的方式来看待体育界中的潜力和表现。就像前文提及的篮球运动员的例子,他的天赋一被发现,人们就会尽一切努力使其天赋展现出来。有天赋的孩子一旦开始接受培训,他便会被置于同类人中,并且获得针对性的指导和训练。在体育界里,天赋是一个机遇,一个可以创造完美增长曲线的可能性。换句话说,一个体育天才可以花费足够多的时间来学习技巧和技能,而这些技巧和技能正是他在相关领域里继续发展、并且在未来取得可能的成功所需要的。

在这里，人们对他的预期表现，并不是根据之前的测量和/或探测结果计算而出的。

想象一下，有两位天赋相似的年轻足球运动员。我们姑且把其中一位运动员叫作扬，他热爱足球，训练刻苦，时时刻刻把足球带在身边，愿意付出一切参加国家级赛事。另外一位足球运动员是皮特，他像扬一样富有天赋，但不愿像扬那样全力以赴。他在足球上付出的精力相对较少，因为他的生活不只是足球，他完全不渴望进入国家级比赛，而是安心于省内的一级比赛，没有人会因此说皮特表现不佳，他不会被称作"懒虫"或"失败者"，而是会被看作一个做出明确选择的人，因为生活确实不只有足球。他的父母和一些教练可能会意识到，如果皮特愿意的话，他完全有机会进入一个真正的顶级足球俱乐部。但是，皮特显然享受着这项运动，并且是一个值得信赖的现任球员，这难道不是最重要的吗？

从这个例子里，你能得出什么呢？好吧，我们仍然是在说，在指导有智力潜能的人才方面，体育界对待天才的方式非常值得我们学习。天赋研究领域的学者发现，"表现不佳的人"的自我形象较差，对自己的学术能力也缺乏信心。研究表明，表现不佳的年轻人留有不少心理阴影，经常把自己看作失败者，不相信自己，甚至对自己完全失去信心。我们从丰富的实践经验中了解到,他们深受成年累月的评论的影响,认为自己只会让别人失望,不能满足周围人的期待,也不配拥有现有的天赋。这跟我们对足球运动员皮特的看法不是很矛盾吗?

当然,皮特之后可能会觉得遗憾,没有抓住机会充分发挥自己的潜力。但我们可以坦白地说,即便如此,他也不太可能因此看低自己或是留下心理阴影。

这个观点可能会让您皱眉。所以我们扪心自问,如此强调"表现不佳"一词是否是一个好主意。如果你的考试成绩不那么如意,那突然间就没有什么可以期待的了。仅仅是因为那些负面评论,人们就提前抛弃了这些年轻人,认为他们很遗憾地丧失了潜力。从这种绝望中重新爬起来是非常困难的。

我们认为,体育界对待体育天才的方法更加健康和人性化,并且也可以完美应用于天赋研究领域。人们取得成就是为了使自己快乐,而不是为了满足他人期待。从这个角度出发,无论他获得什么样的成就,都不会被贴上"表现不佳的人"或"懒虫"的标签了。

这不能改变我们必须承认的事实:原则上,一个人的潜力发挥得越充分,就越快乐。正因如此,我们才应该尽一切努力,让有天赋的人充分发挥他们的潜能。特别是在他们遭受挫折时,我们更应该鼓励他们,给予他们机会和信任,让他们体验到被信任的感觉。他们应该获得一切机会获得成长。

如果你因自己未能达到他人的预期而持消极态度,那是弊大于利了。你会将任何形式的成长扼杀在萌芽状态。所以最好能够像训练年轻有潜力的体育运动员一样来看问题。培训体育人才的重点是实证主义、机会、时间、成长和发展。如果我们以同样的方式对待有智力天赋的人,重点也应放在天赋的发展上。我们不应因为孩子的几次表现而评判他,而应确保他的天赋被认可。允许这种天赋成长并努力发展这种天赋,这才是人们喜闻乐见的。

对症下药

治疗型的伤病政策VS预防型的伤病政策

在体育界中,有一点是值得我们学习,并借鉴到天赋研究领域中的,那就是运动中伤病问题的解决办法。伤病会对一名运动员的身体健康和职业成就造成极大的阻碍,这是很明确的。然而,并非所有运动员都对伤病同样敏感。有些顶级运动员在高强度的训练下从未或很少受伤,但是有些顶级运动员对伤病却非常敏感。顶级足球运动员文森特·孔帕尼[11]是我们都很熟悉的一个例子。由于持续的伤病，他有时整个赛季都只能在看台上跟进他们俱乐部的比赛情况。

伤病的性质有很大不同，其程度也从轻微到极其严重不等。如果运动员在运动中受伤（既包括精神上的也包括身体上的），人们会尽其所能让他尽快恢复，好让运动员重新开始运动。运动员为此所需要的恢复期和复出期在很大程度上取决于伤病的严重程度。轻度伤病一般很快就会恢复，而严重的伤病往往需要更长的时间来恢复。运动员也有可能遭受情绪和精神创伤，这对运动员的表现产生很大的影响。在这方面，想一想红魔队[12]教练罗伯托·马丁内斯（Roberto Martinez）的决定，他想要在比赛期间给刚刚成为父亲的球员更多时间陪伴妻子和孩子，因为快乐的球员会表现得更好。

我们把治疗已有伤病称作治疗型的伤病政策。然而，在体育界不止有治疗型的伤病政策，还有对伤病的预防措施。许多运动员都在身体和精神上受到关注，并且这种关注从一开始就与运动员个人的伤病敏感程度挂钩。在体育界，进行大规模的

---

[11] 译者注：文森特·孔帕尼（Vincent Kompany），刚果裔比利时职业足球运动员。
[12] 译者注：指比利时国家足球队。

伤病预防非常普遍，例如测出肌肉的弱点并开展针对性训练项目、分析并调整运动方式、精神训练，等等。这种方法的积极作用已为人所知：运动员能取得更好的成绩、他们能少受一些伤病之苦、更多运动员能提高水平，他们因伤病而提前结束运动生涯的情况也减少了。

同时，伤病预防已成为一个超越顶级运动领域的广泛概念。我们在消遣运动和大众运动中也能看到类似的伤病预防措施。例如，稳定训练已成为理所当然的事情，就像测量肌肉弱点并对其进行训练一样。运动员不仅要掌握更多体育特有的、技术性的和战术性的技能，而且会通过多种方式接受精神指导。年轻人在身心上更少受到伤害，这自然会影响到生活中的各个领域，这也能帮助越来越多的年轻人充分发展自己的才能。

智力型人才的伤病政策

那么智力型人才的情况如何呢？也存在伤病吗？如果有，又该如何处理呢？

在这一概念上，智力型天赋和体育天赋并无不同之处。这里也常有伤病出现，只不过我们将它们称作"症状"。而且我们同样可以看出，对症状的敏感度是因人而异的。有的人丝毫没有被他们的天赋所困扰，他们的天赋不断发展并发挥作用，一生都很幸福。他们看起来就像完全没有出现过什么症状一样。但是仍有这样一群人，由于拥有天赋，在工作岗位、人生成就和/或健康方面都备感烦恼：他们就是"受伤"的群体。和体育界的情况一样，他们出现的症状的性质也会有所不同。这些症状可能包括无聊、缺乏动力、身心失调、行为问题、攻击行为、适应性行为等，甚至是心理问题或精神疾病，例如抑郁、自残、厌食和产生自杀想法等。

然而，人们对这些伤病的解决方法却是不同的。治疗型的伤病政策，即通过采取相应措施消除已经出现的症状，因此出现得很晚。想想那些为了把聪明学生和普通学生区分开来而开设袋鼠班或者高分班的学校吧，或者那些充分合作、让缺乏动力的聪明学生参与为他们每个人定制的课程计划的中学。

然而，我们必须在这里强调一下。在儿童和青少年中，天赋仍然很少被认为是导致上述症状的原因。这意味着，如果不将天赋视作成因，人们就不会采取相关措施。此外，也很少有学校会拿出专门针对天赋儿童的方案。如果我们进一步来看成年人的情况，就会发现根本没有针对天赋成年人的治疗型伤病政策。假如你是一个因为天赋问题而受伤的成年人，那么天赋被真正视作这些症状成因的可能性非常小，而进一步采取正确措施以消除这些症状的可能性就更小，或者根本就不存在。

第二个值得注意的观察结果是，人们即使有处理方法，也总是治疗型的。我们在天赋研究领域也想给伤病预防更多的关注。这难道不是基于现实的有益补充吗？这样会让更多的青少年完全发展他们的智力才能，他们只会更加健康和幸福。

在本章中谈到的体育界的这些观点，我们在过去几年里已在埃克森特拉进行了实验。实验的重点为天赋发展和伤病预防。这种方法要求你首先要将天赋视为一种机遇、一种可以发展的才华、一种需要后天培养，因此也需要时间才能发挥出全部潜能的才华，它不仅仅是提供丰富的资源，和与身份相同者进行的沟通交流，或者是单纯的正面刺激——不论是在家还是在学校。这种方法究竟如何，我们会在下一章里详细介绍。

第三章

横在天赋面前的障碍

希望您现在已经变得非常好奇……如前文所说，天赋主要是一个机会、一种潜力，如果能被发现并获得好的引导，它就有机会带来出色的表现和极大的满足感。但这一切并不会自动发生，这一点您现在可能已经完全明白了。正如我们在前两章中简要提到的那样，那些类似"障碍"的东西会一直影响着事情的发展方向。

"障碍"（Embodio）一词源于希腊词语 **εμπόδιο**（empódio），意为"阻碍"或"障碍"。"障碍"是我们用于特定的、因人而异的障碍的术语，该障碍使有天赋的人"易受伤害"，并可能阻碍他们获得成功的机会。障碍有许多种类，我们接下来将一一列举并讨论。

事实是，从长远来看，一个人是否可以继续发展其智力天赋，以及他是否能保持"无症状"，将始终取决于这些障碍。在我们的研究方法中，反复提出一个重要问题：我们如何使更多的年轻人能更广泛地发展自己的才能？他们的特质如何才能为我们的社会做出更大的贡献？最重要的是，拥有智力天赋的人如何才能变得更快乐，而这种快乐恰恰是因为他们可以更多地利用自己的才能？仅仅是通过对这些障碍的描述，我们就已经找到了很多答案，也立即可以在天赋研究领域进行"伤病预防"。为什么描述出这些障碍如此重要，障碍和伤病敏感度的关联是什么，预防型政策应该是什么样的，以及障碍对发展智力天赋的影响究竟是什么？我们通过一个例子来阐明。

马克斯（18岁）在中小学取得了非常出色的成绩。他最近通过了医学专业的入学考试，相当热情而积极地开始了他的大学学业。他的梦想变成了现实。在中学阶段，马克斯在数学方面体现出强大的天赋，并取得了高达90%的毕业成绩。他是一名模范生，所有老师都相信他还可以取得更高的成就。但是从踏入大学的那一刻起，一切都乱套了……第一次考试时，马克斯非常用功地学习，但他仍感觉没有完全掌握考试内容。在满分各为20分的两场考试中，他分别取得了一个7分和一个8分。马克斯是如此失落，以致他完全无法继续前进。他去了大学的学生指导中心，该中心推测，大概是他太过细致地学习导致他损失了很多时间，才没能及时地掌握所有知识。马克斯尝试遵循他得到的建议，但一切却变得更糟糕了：下一个考试期，他竟然没能把考试科目真正学进去，甚至在参加考试前就已经看不进去书了。在医生、药物治疗和调整后的考试时间的帮助下，马克斯又能学习了，但最终他仅通过了一门考试。他再次来到学生指导中心，而下一个考试期又发生了同样的悲剧，马克斯在沼泽中越陷越深。他对自己相当失望，认为自己是一个失败者，要放弃从医之梦。他突然决定在下一学年开始学习市场营销。对于这个决定他并没有给出明确的理由，他唯一愿意承认的是，学市场营销比学医轻松，他的通过概率会高一些。但是，他对这个专业并没有真正的热情。

让我们来分析一下马克斯的情况。马克斯看起来并不像是一个会取得这种不合格成绩的人。他在整个中小学时代都是"无症状"的，被看作是一个相当成功的学生，具有智力天赋。然而，他仍然触碰了一些界限，这些界限无法直接被看到，因此他对预防措施也丝毫不在意。马克斯习惯于大量而极其细致地学习，这种学习方式之前一直让他有出众的成绩，他从未失败过。只要他稍微有些细节没能掌握，就要把教材整个重学一遍。如果他觉得有必要，在中学时就学习到深夜。然而他的学习策略并不适合大学里如此大量的学习内容。由于课程内容变多，他需要使用另一种学习方法。然而在这种关键时刻离开舒适区去实验另一种学习方法，马克斯感到相当困难。最终他再也不能控制自己的情绪，彻底无法继续学习了。

在这则简短的分析中，我们已经提到了一些智力型人才经常会遇到的障碍，这些我们将在本章稍后继续介绍：不知道如何应对错误、处理不好强烈的情绪、难以离开舒适区等，这些障碍阻止了他们进一步发展自己的潜力。

有很长一段时间，每当马克斯面临更高难度的问题时，他都能够通过更多和更细致的学习来克服他遇到的障碍。借用体育界的说法，他锻炼了很多肌肉（大量学习以及以高分为结果导向的细致的学习方法），得以避开障碍。尽管起初这么做貌似可以取得成功，但人们容易忽视的是，这恰恰是其天赋的最大弱点……在大学学习之初，他没有办法继续锻炼他强壮的肌肉，也看不到承受更大压力的可能性。他通过这种方式受到的伤害，最终使他完全放弃了医学的学习。

这些导致马克斯受伤的障碍（不知道如何应对错误、难以离开舒适区、处理不好情绪、错误的学习方法）从未浮出水面，无从预防。最终结论是医学学习太过沉重，马克斯显然无法承受，他最好还是学别的专业。

因为学业太重而郁闷、完全陷入困境，这当然是父母最不希望发生在孩子身上的。但重要的问题是：从长远来看，马克斯是否会一直对这个决定感到满意。毕竟人们还是没有在意已经出现的障碍，毫无疑问，将来它们还会多次影响马克斯的人生轨迹，而再次逃避也许是唯一的选择。除非我们自问：马克斯如何学会利用自己的潜能，才能使自己真正感到快乐……

在实践中，我们不断接触到像马克斯这样的人。因为我们在工作中接触了这么多与众不同的儿童、青年和成人，所以我们已经很清楚地知道，他们都会质疑自己的能力，而这一点很容易被忽视。他们往往多年来都在试图形成一种概念,即他人是谁,自己到底又是谁。他们由此得出关于自身以及关于他们在所处环境中的功能的结论,尽管他们通常并不了解,现在究竟该以什么为参考框架。当他们在艰难的探索中,终有一天听说自己是隐形天赋者时,有些问题就解释得通了。而我们每次都会注意到,他们此时已经在人生中遇到了许多障碍,如果有人详细地为他们解释,作为隐形天赋者到底意味着什么,他们常常能自己意识到这些障碍。小时候,他们常常做出各种努力去理解整个人生,并且(通常是无意识地)调整自己的功能以使自己能够成为周边人群的一部分,使自己真正属于这个集体。然而,隐形天赋人群的认知力以及作为隐形天赋者本身,决定了隐形天赋者与其身边其他人有着不同的体验。正是这种不同,会永久性地影响高天赋人群的发展,并成为障碍产生的一部分基础。

障碍,看不见但存在

正如我们之前所说的,要让智力天赋得到发展,就必须使用特定的方法。这种方法不是现成的,并不能马上使用,也不是普遍适用的,而需要大量的支持、培训和指导。在这条"成长之路"上,你有时会遭遇预料之外的障碍,这些障碍往往是看不见的,大多在童年早期就已经形成,常常是刚上幼儿园时。这些障碍如果很顽固,可能极大地阻碍潜力的开发,就像马克斯的案例中体现的那样。

在6000多名隐形天赋者身上得到的大量实践经验,让我们发现了一些出现率极高的障碍。不论是隐形天赋者本人,还是他周围的人,常常完全无法察觉这些障碍。让人们意识到这一事实,即这类障碍确实存在,并且与天赋有关,让人们对此有所了解,并向他们解释其含义,是成长之路上必要的第一步。通过对障碍的深入了解,我们可以更加专注于这些问题的可能的成因:为什么智力型人才敢于或者不敢接受挑战?为什么他们把犯错视为一种可以重新尝试的机会,抑或是完全相反?为什么他们可能恰恰因为犯过的某个错误而无法前进?

发现障碍后,接下来是意识形成过程。隐形天赋者可以逐渐发展出应对机制,应对现有的障碍,基本限制住障碍,甚至是让其消失或不让其存在。这可以从更进一步的"障碍训练"开始,对此我们之后会详述。我们想先概述一下在隐形天赋人群中最常出现的障碍,然后简单解释一下它们意味着什么。

下面将描述11种在我们多年实践经验中不断重现的障碍。它们导致潜力无法全面发挥出来。相反地,我们也很确定,进行障碍训练有助于学习使用和发展现有潜力、将潜力转化为成绩，并由此让人们对自己感到满意。

隐形天赋人群中，不是所有人都会遇到障碍。障碍是因人而异的，无论是其种类还是其数量。有些人很少遇到障碍，或者从小就知道要掌握一些技能以减少障碍，甚至完全避开障碍。而与此同时，另一些人则会遇到更多的障碍。他们可能会受到严重的伤害，有时甚至被完全击垮，因为他们从未学过如何去应对，也没有掌握能让他们克服面前这些障碍的技巧。

把自己当作标杆

耶夫（10岁）有一个习惯，那就是从学校回家后立刻把书包扔在一边，玩一会儿游戏机，然后搭一会儿弟弟的乐高。他一周参加两次足球训练，训练日他会在晚上九点左右到家，之后一般会做十分钟作业再去睡觉。一天早上，耶夫的妈妈在学校门口听到，其他家长都在期待着孩子们的社会与生活课的复习测验成绩。看起来孩子们为了这门考试都学得很辛苦，因为它很难，内容也很多。然而耶夫的妈妈却什么都不知道。她完全没听说有什么测试，怀疑自己是否忽略了什么。她只知道耶夫在家没看过书，她现在除了等待什么也做不了。几天后，耶夫带着成绩单回家了。妈妈的目光落在了老师批注的红色字迹上:"干得漂亮!",一旁是他的分数:9.5/10。第二天早上,她又听见其他家长在校门口讨论这次测试。老师这次似乎还改得相当严格。很多孩子一整晚都在复习考试内容,有些孩子甚至在考前的周末就已经开始复习了。耶夫的同班同学大都只得了5分或者6分……

尤纳斯(17岁)拿到了临时驾照,他第一次和父亲一起开越野车。开了大概十分钟后,他们无意间来到了一个相当繁忙的十字路口。这里不久前刚刚施工过,因此交通指示灯还没亮,简直是一团乱。尤纳斯有点紧张,但是在父亲几次指点下,他顺利地通过了十字路口。作为一个新手司机,看来尤纳斯已经能够应对这种交通情况了,而这甚至对于许多老司机来说也不容易。

卡罗琳(36岁)是一名数学老师,她时不时地寻找一些新的挑战。某次,她在散步时无意间看到了一座极其破旧的大型历史建筑。在孩提时代,卡罗琳就已经梦想着改造、装饰历史建筑并让它发挥社会用途,因此在看到这座废墟时,她的脑海里已经闪过了许多点子。她仿佛已经能看到最终成果就立在她眼前。她一回家就开始研究。谁是建筑的主人?这个区域在售吗?允许改建吗?此外,她还研究了经济可行性和一些可能的改造方案。她该如何把它改造成既吸引游客又吸引当地人的景点？简而言之，这座历史建筑如此吸引她，以至于在一周后，她脑海中已经有了一个宏伟的计划：翻新这座历史建筑，让它可以容纳各种社会服务和活动。经过一番犹豫之后，她决定与一个知名的基金会联系，该基金会经常出资赞助并支持此类项目。她本不抱希望，但令她惊讶的是，她获得了一次面谈的机会。她感到特别惊喜，因为她从没想到过，那些被自己当作有趣的头脑风暴的东西、对她来说不过是凭空想象出来的东西，原来能让别人很感兴趣。她很快准备了一些书面材料，当她发现基金会对于这个项目很感兴趣时，她简直目瞪口呆。

像耶夫、尤纳斯和卡罗琳这样的隐形天赋者，得益于独特的思维，他们只需付出很少的努力，甚至不需要付出努力就可以取得的成就，其他人则必须付出极大努力才能企及。这点连他们自己都没有意识到。他们觉得取得这些成就是很自然、很普通的事情，所以他们完全无法理解，这对其他人来说并非如此。换句话说，他们把自己当作了标杆，这会带来很多问题。

正因如此，卡罗琳才会不相信自己的耳朵，在结束与基金会谈话后，她对他们的价值判断产生了怀疑。她觉得自己短时间内凭空想象出来的东西没有那么完美。她鼓起勇气和基金会取得了联系，在此之前她还犹豫过要不要去面谈，因为她对自己的想法并不怎么自信。然而现在这个基金会如此认真地对待她，真是让她无法理解。她内心瞬间充满了疑问：这个基金会真的像人们想的那样靠谱吗？随便什么人都能从他们那里得到资助吗？用这么简单的一个提议开启一个项目吗？她为一些她尚未调查过、还没有找到答案的问题感到不安，她还对自己提出了一些基金会的人在面谈时都没有提出的问题。他们难道没有看到这个方案的漏洞吗？为了让自己更清楚现在的状况，她搜寻了很多极端的例子。她找到了很多精心策划过的项目，她觉得这些项目才是值得去做的，她可以确信，跟自己微不足道的项目相比，这些项目才更有价值。

这里我们可以很清楚地看出，如果一个人"把自己当作标杆"，那么他会一直以更高的标准来要求自己，但也会对身边的人提出更高的要求。卡罗琳越发不满，怀疑自己是否已经考虑周全。她也越来越无法欣赏自己的想法，因此不再把想法转化成具体的行动，成功之路就这样被她自己堵死了。

面对"把自己当作标杆"的障碍，尤纳斯的表现有所不同。其他人的成就对于他来说非常微不足道。在他轻松通过那个十字路口几周后，一个刚拿到驾照的朋友开车带着他，恰巧又来到了那个十字路口。这个十字路口还跟几周之前一样繁忙，但是红绿灯可以正常工作了。尤纳斯的朋友坐在驾驶位上，感到有些慌。他犹豫了片刻，终于鼓起勇气通过了那个十字路口。

对此，他感到十分自豪。但后来朋友们聊天时，尤纳斯却笑话他当时几乎停下，导致很多急躁的司机一直在按喇叭，这又让他丧失了不少自信。

当你因"把自己当作标杆"而看轻其他人的成就时，你就很难再对他人产生同情心了。可惜，尤纳斯完全无法理解这个道理，因为他觉得自己只是在阐述事实。他并不是觉得自己一定就比其他人更加优秀，而是觉得自己做到的事情再正常不过，所以他也用这个标准来衡量别人。

最后一个例子是耶夫，他表现得又有所不同。他期待别人能取得跟他一样的成就。在社会与生活考试之后，还有一个有关该考试题目的小组活动。老师列出了一长串问题，学生们以三人为小组，一起找出这些问题的答案。老师告诉他们，大多数答案都是之前课上讲过的；有些问题超出了课上的内容，但答案肯定能在手册中找到。耶夫自发地领导起了他的小组，另两个人觉得这样也不错。他把这些问题分成了三个等份，并提议每个人寻找自己那一部分的答案。一个小时之后，他们看了一下每个人的完成情况。耶夫只剩下一个问题没有回答。而对于剩下的这个问题，他在两个可能的答案之间纠结，想问一下另两个人的意见。可他俩一小时内仅仅答了一半。耶夫看了看那些问题，答案脱口而出。耶夫有些不高兴，就问他们到底能不能完成约定好的任务。另两个人有些尴尬，因为他们真的找不到那些答案。耶夫就变得非常不耐烦，甚至有一些生气。因为老师明明基本都讲过了，况且他们还为考试好好准备了一番，现在还有手册的帮助。他十分失望和愤怒，生气地去了操场，大家都不说话了。小组里没有人知道该怎样继续下去。耶夫运动身体之后，他决定自己把剩下的问题全部答完。他觉得小组的两个成员很不配合，对这次小组活动特别不满意。

在这些案例中，卡罗琳、尤纳斯和耶夫本身都展现出了很强的个性，这对取得好的成果很有帮助。但由于他们无意识地把自己当作了标杆，这导致他们对别人感到失望，或者对自己又提高了要求。这没有给他们带来快乐，还阻碍了他们充分利用自己的潜力。作为成年人，我们常常会觉得像耶夫这样的孩子太缺少合作意识，他们总觉得所有的一切都得由自己完成。尤纳斯面临的风险是，他将来可能会轻视不得不一起共事的同事。卡罗琳则会因为自己有那么多想法，却没有做成一件事而感到自己一事无成。

做成一件事需要时间

彼得（36岁）是一名化学博士，在一家专门为食品行业开发包装材料的跨国公司工作。他是一个研究团队的负责人，团队里共有10人，目前正在进行一个非常大的研究项目。截止日期卡得很严，如果项目没有按时完成，公司将面临巨额罚款。现在离他们第一次提交研究结果还剩几个月的时间。有一天，彼得发现数据的处理还需要好几天，这可能会导致无法在截止日期前完成任务。数据的处理是一个复杂的过程，因为数据分组和链接跨越了多个专业领域。有关包装材料的化学数据和机械数据必须与化学过程结合起来，而化学过程在食品行业中也是有时限的。所有这些都必须能够被正确编程并自动化。这意味着来自不同学科的人们必须一起工作：IT专家、营养师、化学家、包装专家和彼得本人。彼得团队的大多数成员也都发现了当前的问题，但是由于问题过于复杂，没有人能想出解决方案。就像过去经常发生的那样，他们也即将超过截止日期，公司将不得不支付罚款。

在接下来的一次团队会议上，彼得提到上述各个领域的5本出版物，说他已经找到了解决方案。如果将5本出版物中的各种见解相结合，然后应用到具体的包装方案上，那么数据处理时间可以减少一半，项目也可以按时完成。此外，这个方法不仅可以用于本次的项目，也可以用于将来的项目。

彼得提出建议后，大家先是安静了一会儿，紧接着就对此解决方案展开了讨论。最后，团队认为确实应该按彼得的建议，在那5种见解的基础上拟定实验方案。但是，他们预计这可能需要一个月的时间。所以，这仍然没有解决当前项目的困难，他们无论如何都无法赶上那个可怕的期限。

彼得接受了他们的想法，但他仍在心里犯嘀咕。他无法想象写实验方案竟然需要一整个月的时间。他已经充分了解了不同领域的见解，对写方案产生了浓厚的兴趣，并把它当作一项挑战，希望利用他强大的学习能力来完成。于是他开始自己写实验方案，以及相关的使用手册。这总共花了他4天时间，每天10小时。最后，他带着写好的实验报告方案和使用指导手册去找上司和团队，他一方面高兴于自己的成果，另一方面又失望于没有人参与到这份工作。

艾尔柯（39岁）是一个几乎每时每刻都会冒出新想法的员工。她的想法都很棒，同事们也对此十分赞赏。同事如果遇到困境，最后都会去找她，因为她真的特别擅长想出解决方案。某次在同管理部门开会时，他们谈到让年轻人对公司目前的活跃领域[信息与通信技术（ICT）]提高热情的可能性。该公司希望吸引能够全心投入新发展的大学生和年轻员工。艾尔柯就此提出了很多切实可行的想法。他们决定采用她的两个想法。她可以参与设计、策划和实施。为此她得到了一个两人小组来帮助她实施新的方案。她起初十分热情，全身心地投入这项挑战。但是在策划第一个想法时，她又冒出了另外5个想法。对于她来说，每个想法都完善而清晰，她可以分别想出一个方案来配合。然而她开始意识到，一旦提出一个新想法，就需要花大量时间来成型和实施。

莫里斯（51岁）在一次会议上提出了一个想法，来评估并跟进客户对产品的满意度，并在必要时对产品进行有针对性的调整。他的老板和他所在的团队都觉得他的想法很棒，并乐意一同实现这个想法。老板建议莫里斯进一步细化他的想法，以便在下个月的团队会议上提交策划案，并做相关的报告，他可以花大量时间来准备。他充满动力地开始了这个项目。但几天后，莫里斯问他的老板策划案和报告是否可以推迟两个月。因为他觉得要完成这个工作还需要更多时间。他的老板对此感到为难，只允许他延期一个月。莫里斯瞬间感到压力满满，他完全不知道该如何在期限内完成这个工作。

洛德（12岁）刚开始上中学时十分积极上进。最初几周，拉丁语老师密切关注学生们的情况。这意味着接二连三的考试，考试重点是学生们必须牢记的单词。头几次考试洛德都很轻松地通过了。甚至第九次和第十次考试还加深了他对这门课的兴趣。直到有一天，他非常伤心地回到家：他这次只考了4分[13]！下一次考试的前夜，他十分难过地爬下床，哭着告诉妈妈他需要记住100个单词，但他现在只认识其中的50个。他太沮丧了，他甚至宣布他不想再学拉丁语了："我就是做不到啊。"

在这些案例中，不管是彼得、艾尔柯、莫里斯还是洛德，都遇到了同一个障碍。他们被迫面对一个现实，即做成一件事需要时间。这个障碍在4个案例中的体现方式各不相同。

彼得是一个具有发散思维和联想思维的思考者。他可以专注于一个急迫的、反复出现的问题，并很快地解决它，无论这个问题有多么复杂。他意识不到这个问题的复杂性，也无法理解并不是每个人都能走出自己的专业领域，并在很短的时间内提出解决方案。他的同事们可能会把他当作威胁，因为当他们看到彼得如此轻松地同时应对这么多领域时，就会不断自问，他们在这个团队里还能做出什么贡献、还具有什么特殊价值。这可能会造成一些让彼得无法理解的误会和反应。毕竟，他自己仅仅是希望整个团队一起提出并实现一个解决方案罢了。

显然，艾尔柯是一个具有创造力的思考者，但她想法的数量之多也会困扰她。一个想法产生后，在她脑中就已经算是实

---

[13] 译者注：荷兰学校的考试满分为10分。

施了，于是她又开始思考新的想法。但她没有或者尚未充分意识到的是，把一个想法真正变成现实是需要时间的。有一些想法可以很快付诸实施，但如果事关变革或革新，这种想法就很可能需要半年到一年的时间来实现。艾尔柯觉得，思考出新点子，并充分发挥自己的创造力是一件令人愉悦的事。但是，每次她期待着开始思考新点子时，她都会因为还没实现上一个想法而感到沮丧。长此以往，她开始问自己为什么要想出那么多新点子，那些点子根本毫无用处。她感到一切如旧，毫无变化。

对于莫里斯来说，情况就完全不同了。当一个解决方案被提出时，他总是很快看到许多可能出现的漏洞，并希望能在给出策划案或做报告前解决这些问题。这就需要大量的时间。他还希望能建立充分的安全保障，以确保有足够的时间再检查检查所有的工作。如果莫里斯感觉时间不够，他就会有压力，宁愿停止这项工作。

洛德在时间方面的态度又截然不同。上小学时所有的事情他都能在一刻钟内完成。他只需付出很少的精力就可取得良好的成绩。拉丁语这门课的情况就不同了——要记住所有的拉丁语单词，他必须花超过一刻钟的时间。但是洛德根本没有意识到，要想有所获得，就必须投入时间。这个概念对他而言是完全陌生的。因为洛德不能立即学会拉丁语，他马上就得出结论，自己"学不会"拉丁语。学习是需要花费时间的，而他对此毫无体会。

交流的方式

隐形天赋人群往往有语速快、言语直接的习惯，大部分时候都是怎么想就怎么说。如果你也能迅速发现许多（问题的）解决方法和/或漏洞、建立许多联系、进行批判性思考，并且具有很高的敏感度，那么你就可以想象，一个隐形天赋者脑海里会不断出现大量的想法、疑问、顾虑和解决方案。如果他随后对此进行了沟通，就可能有不同的效果。

一些隐形天赋者直截了当、言必有中。他们能通过快速的思考和分析，在别人还一筹莫展的时候，迅速切中要点。如果你切中重点，准确指出棘手的问题或存在的漏洞，就可能过于直接和强硬，有时甚至伤害别人。比如，同事们会觉得他们被完全碾压了，你没有看到他们的优点。并且如此一来，隐形天赋者看起来就仿佛是完全忽略了谈话对象的感受。

另一些隐形天赋者可以在思维中构建更复杂的结构，因此他们在脑中凭空构想出来的东西很混乱，并常常伴有过多无序的论点、思考角度和漏洞等。这让听众"只见树木，不见森林"。尽管隐形天赋者内心也常常存在着一定的结构,但他们在向他人传达观点时却废话太多。毕竟,建立的联系并不总是能很简单地用语言表达,因此听众常常跟不上隐形天赋人群的思维。

还有一些人的想法过于超前,可以这么说,演示文稿尚未制作完,他们就要对其提出问题了。他们的特点是,对于今天所做的决定,他们能够先人一步看到相关的结果。然后,他们通常会做出让大多数人受益的决定。但是对他们而言,解释这一决定往往并不容易,因为很难表达出发散思维的方方面面。当听众还处在第一步、而隐形天赋人群已经踏出好几步时,交流不畅的问题只会越来越严重。听众很快就会产生一种印象——因为显然跳过了好几步——隐形天赋者没有倾听他的意见,只会一意孤行。

亚瑟(34岁)在汽车行业工作。关于特许经营权内部重大变更的谈判正在进行中,亚瑟是这一变革的坚定支持者,他一直在努力游说以将其列入议程。他预见到许多好处,毫无疑问,最重要的是,这一变革将增加特许经营者和制造商的营业额,并且将大大减轻所涉各方的行政负担。亚瑟认为,谈判成功的基础条件是开放的思想和新颖、创新的思考方式。

谈判在初期阶段进行得很顺利,但是总有一些摩擦。亚瑟感到很难办。他认为有一个部门看不到提出的变革对其带来的好处。亚瑟决定与相关人员组织一次单独的会议，听取他们的意见和顾虑，以及看看他应该如何帮助他们。在准备工作中，他分析了该部门的问题，以及即将到来的变革会对其产生的积极影响。通过倾听他们的顾虑，亚瑟再次确信，正在进行的变革只会对他们有利。他认为，对方所有的顾虑几乎都是多余的，对于那些有正当理由的顾虑，得益于充分的准备工作，他给出了非常详细的回答和必要的解决方案。亚瑟提出了强有力的论据并且相当富有热情。他关心自己的谈话对象，并在一番雄辩后询问他们的想法。然而，得到的回答让他完全无法理解。他感觉对方没有听懂自己的分析和论据，就立即以更准确的论据继续游说。但是，亚瑟给出的论据越多，听众与他的距离就越大。会议草草结束，双方没有达成一致，并且双方之间的距离更大了。大家都觉得失望而沮丧。

艾玛（21岁）在学习法律。在经历了中学时代的许多弯路和麻烦之后，她终于找到了一个令她非常感兴趣的研究领域。然而大二时，又有问题出现了。对于她的父母来说，这一幕似曾相识……艾玛有一门重要的课由一个很年轻的老师讲授，这门课有5个学分。艾玛对这门课很感兴趣，为之着迷，但是她觉得该老师的能力不足以教授这门课程。她每节课都很困扰，因为课上的例子含糊不清，教学方法无趣，甚至老师有时凭感觉做出的推理都是错误的。有一次艾玛真的说出来了。她举起手，并自以为很友好地发言道："老师，我有一个建议。如果我们现在一起找一下理解这部分内容的人，就会有两个好处。其一，我可以真正理解您这门课中这一有趣的部分。其二，您可以更加专注于该课程的内容，以便您在下一学年可以用合适的方法向新生讲解这一重要而有趣的课程。"课堂上的这一插曲并未就此完结，这毫不奇怪。艾玛与老师一同被叫到院长办公室。院长问艾玛，课堂上的那番话到底想表达什么意思，是不是应该道歉。艾玛毫不犹豫地重复了她在课堂上所说的话。然后，她在10分钟的时间里总结了各种事实，以证实她对该老师的评价。艾玛列出了课程中老师解释错误的部分，给出了她教学方法不佳的证据，并且列出了在过去的课程中她写在黑板上的错误。事情的结果对艾玛而言并不理想：在一番争论后，艾玛在这门课上得了个不及格。下个学年，她将在另一所大学继续学习。

亚瑟和艾玛的想法很可能都是正确的。亚瑟的分析在其他同事看来是完全正确且切中要害的。艾玛也不是唯一一个有这种观点的人，她的许多同学都和她持相同的观点，对那位年轻老师任教持保留意见。但是即便他们有正确的分析和观点，亚瑟和艾玛都使用了不恰当的交流形式。

我们在许多隐形天赋者身上都发现了交流障碍，他们的交流方式都曾不止一次被指责为糟糕、欠妥或不适宜。但是，这通常不是"不能交流"的问题，而是典型的"过度交流"的问题：过于精力充沛、过于复杂、过快、过于直接、过于晦涩难懂、过于细节化、过于概括性、过迟、过早等。因此，很明显，何谓"过于"，这需要一个参考点。因为交流总是至少在两方之间进行，所以参考点是普通人，即平均水平的人（代表了大多数人）的交流、倾听、信息交流与理解的方式。从参考点的角度看，隐形天赋人群的交流方式往往偏差很大，这就产生了"过度交流"的问题。

亚瑟的例子清楚地表明，他在思考过程中远远领先于其听众。他准备引用的论点根本没有被用到。在与亚瑟交流之前，他的同事们还没有想过到底什么是部门的致命问题，更不用说寻找解决方案了，但是亚瑟在思想上总是领先几步，这使他看起来在无视他们的感受。亚瑟完全无法理解，自己居然被指责为没有同理心。"我完全没有忽略他们的感受和担忧。如果我们不执行改革，部门内的问题将无法解决，该部门最终将被管理层外包，然后他们都会失业。而我试图防止这种情况的发生，并确保每个人都能从中长久受益。"使用亚瑟提供的解决方案，他们在短期内需要付出努力,但长期来看只会获益。但是亚瑟根本意识不到的是,他的听众之所以不理解这个信息,仅仅是因为他所描述的危险,对他们而言眼下并不存在。他们只看到短期的付出,而没有看到长期的利益。

许多隐形天赋者也在交流中表现得非常有分析性和批判性。他们在交流中立足于情况、事实、推理和后果,往往非常准确地找出问题和隐藏的策略,以及感觉。他们交流自己所做的分析时,往往是非常直接、实事求是和实质性的。尽管一个人可以进行这样的分析,并经常能够预先估计一项决策的难点和结果,本身是很厉害的,但是这样的交流往往会深深伤害对方。这种伤害会导致情绪上的反应,且与隐形天赋人群想传达的内容无关。对方感到自己被攻击了,于是不再参加当前的讨论,并因不够受尊重而退出。隐形天赋人群完全不理解这种态度,他们会继续谈论实质性内容,并且相信只要做出正确的决定,情绪受到的影响就会减少。双方处在不同的频率上,彼此无法继续理解,都感到被误解和不被尊重。

在艾玛的例子中,很明显,她做了一番让对方难以接受的分析。艾玛以非常直接的方式同老师和院长讲话,并向他们灌输尖锐的分析和论据,这些分析和论据主要集中于弱点和需要改进的地方。这就营造了一种氛围,在这种氛围中人们肯定丝毫不会理解艾玛的担忧。因为她非常专注于内容，所以没有注意到，对方感受到了非常强烈的攻击和不尊重，因此完全无法接受她的意见。双方都感到非常烦恼和失望，完全不再信任对方的观点。尽管双方的本意是好的，但仍然产生了巨大鸿沟。

智力型人才往往认为，传达的内容只要"准确"、不会产生误解就可以了。因此，形式完全是次要的。正是这种直接的交流方式，可能会让对方觉得傲慢和被冒犯了，导致对方进入防御状态。听众认为这种交流方式非常麻木，完全没有同理心。说话人则不明白自己哪里说错了，感到被误解、完全被拒绝……

隐形天赋人群经常被称为"糟糕的交流者"。正是因为经常被人这么说，他们开始质疑自己的交流方式。他们很可能参加过"非暴力交流或关联交流"的沟通训练营。他们有时能借此取得进步，但大多数时候，他们仍然以"奇怪的"方式交流，也不理解交流障碍是如何形成的。

我们想要强调的是，许多隐形天赋者的交流能力很强，完全没有交流障碍。毕竟，有些隐形天赋者可以非常精细地处理各种阐释方式。因而他们可以把交流作为有力的武器，向其他人表明，问题不是只有一种解决方案，而可以有许多不同的思考角度。

离开舒适区

里昂（44岁）在一家从事建筑业的中型公司做工程师。他担任稳定技术部门的主管已经有好几年了。里昂乐于工作，表现也很出色。他的老板对他的工作很满意。他的团队由十几名工程师组成，他们也很乐于为里昂工作。里昂不仅对建筑工程中涉及的研究和工程工作感兴趣，对工程的实施和承包也很着迷。这也是里昂乐于为这家公司工作的原因，因为这家公司整合了一切环节。里昂的职务也需要经常和负责钢铁结构的部门联系。

一天，老板问里昂，除了他自己的部门，他是否也愿意领导钢铁部门。该部门的现任负责人突然病重，重返工作岗位的归期未明，甚至有可能再也回不来。里昂的老板显然已经充分思考过这一提议，认为领导两个部门的工作压力对里昂来说是可以承受的。老板坚信这张牌行得通，因为这一职位完全在里昂的兴趣范围之内，他也具备相应的能力。而且里昂过去曾多次为钢铁部门提出过宝贵的建议，熟悉业务，可以让该部门继续发展。老板期待着里昂会立刻接受这一晋升的建议，毕竟这是个难得的机会。但事与愿违，里昂听到这一提议时非常沉默，想要再考虑一下。

里昂离开老板的办公室后非常不安。尽管在谈话之前,他还冒出和钢铁部门达成建设性合作的构想,但现在他只剩下满心的犹豫。如果说他此前都在思考解决方案和可能性,现在却突然发现到处都是漏洞和问题。他只能想到同时领导两个部门的缺点。他有足够的知识和经验把钢铁部门收入麾下吗?不会出错吗?里昂忧心了一整夜,在惊慌中醒来了好几次,工作中也倍感压力。他考虑得越久,越觉得自己不该去接受这个巨大的挑战,即使他本来对此充满兴趣。

昂斯(8岁)很擅长跳舞。她经常得到舞蹈老师的赞扬,每个月都有所进步。最吸引昂斯的舞蹈风格需要很多体操技巧,对此练体操的舞者显然更具优势。每次舞蹈比赛时,总有一支舞蹈中,需要做前桥和后桥,甚至是后空翻。昂斯开始练习这些体操动作,无论是在家、学校还是聚会上,她都不断练习做前桥和后桥。显然,昂斯很乐于练习,也很专注。她的母亲注意到了她的这种热情,觉得或许让她去上体操课也不错。这样她就可以改进自由体操的技巧,她的舞蹈和比赛中的表现都会更好。而当母亲和昂斯提起这个想法时,她却立刻拒绝了。昂斯给出了数不清的理由:她认为自己在外面已经有了大量活动,时间不能协调,她也知道小镇里教授的体操课质量不高,等等。

然后她的母亲就这样放弃了。她确实觉得昂斯的时间表已经很满了，对于这个家庭来说，让昂斯准时参加所有的活动是一项艰巨的任务。

十几天后，昂斯和父母偶然来到我们这里进行评估，期间也谈到了舞蹈和体操的事。我们明确地问了昂斯舞蹈的事，以及同时练体操的想法。起初我们得到了相同的说法。当我们问到，她是否愿意学会前桥和后桥，她坚定地回答："是的。"她也承认这会对她的跳舞和比赛有很大帮助。接着，我们又继续提问，问起了后空翻。这是一个非常难的动作，在舞蹈比赛中可以赢得很多分。然而，昂斯仍坚持说她不想学后空翻。一番提问后，昂斯突然流下了眼泪。后空翻是非常危险的，可能会伤到自己，她不够柔韧，即使是舞蹈班中柔韧度最好的都不会后空翻，她又怎么能做到呢？她飞快地列出一堆理由，说的全是她为什么完全不可能做到、哪里会出问题以及练后空翻获得的回报是多么有限。虽然她在没接受过几次指导的情况下，能在六个月的时间里从一个不那么柔韧的女孩发展为一个既能劈叉又能做前桥和后桥的女孩，但她并不觉得这有多么了不起。她甚至觉得这完全不是什么了不起的成就。最后她承认，体操课可以让她更好地学习做前桥和后桥，并让自己变得更柔韧，这确实比较吸引她。

从这两个例子中，我们能看出离开舒适区有多难。显然，里昂和昂斯都有这种障碍。遗憾的是，无论是里昂和昂斯自己，还是他们周围的人，都没能看到这一点。

值得注意的是，具有这种障碍的人会从对可能性的思考立即转为对问题和困难的思考。他们两人都认为自己做不到，并对此进行了强有力的论证，这使他们感到非常不安。两人都没有接受别人提出的挑战，即使他们内心很想接受。他们的思考能力不仅操纵了自己的决定，也给了他们周围的人有说服力的、无可反驳的理由。可惜这些论点仅仅着眼于无法做到的原因和可能出错的地方。隐形天赋人群具有的分析能力和发散思维完全被用来说服自己和周围的人，使得他们不必离开舒适区。实际上，这只是在朝错误的方向进行，极其限制潜力的发挥。

昂斯设法说服所有人她只是不想做体操，她实在吃不消。然而，真正的原因只是她害怕学习后空翻。在她看来，后空翻远在她的舒适区之外。周围人完全看不出这一点，因为昂斯在6个月时间里已经在舞蹈上提升了三个等级，这非比寻常，且她表现得十分优异。昂斯不寻常的成长经历也让父母有所顾虑。体操会给她施加过多的压力吗？真的有必要向她提更多的要求吗？我们是不是逼得太紧了？最终，昂斯承认她很想练体操，但她只愿意练习自己基本都会的部分。所以她只愿意练习前桥和后桥，不愿练习后空翻，尽管她已经有了良好的基础。她不想、或者没法儿离她的舒适区更远。这给了她太多不安感，因此她宁愿完全逃避后空翻这个动作。

里昂有着相似的情况。如果他拒绝晋升，他就会给老板一堆理由，说明为什么由同一个人领导两个部门是错误的选择，而考虑到效率、工作压力和团队精神，任命一个新的钢铁部门主管会好得多。我们在和里昂谈话时，向他介绍了离开舒适区的障碍，他立刻明白了，他的论证确实都着眼于困难，以及为什么别人担任这一职务会更好。他认识到，自己在内心深处很想得到这个岗位，在公司里迈出这一步曾一直是他的梦想……这件事已经过去两年了，但里昂仍一直为此感到遗憾。这一经历给他留下了深深的印记。

犯错，是必需品

蒂姆（14岁）是一名出色的篮球运动员，在青少年组参加最高级别的比赛。他从小就开始打篮球，极有天赋。此外，他的打法十分聪明，也具有很强的洞察力。教练说的一切，他都虚心接受，并运用到实践中。篮球视野、球技、速度、力量和快速学习能力的结合，确保了他在小小年纪就能轻松取得很多成就。无论在身高上还是能力上,他都比队友高出一头。篮球领域里的逆境和挫折对他而言是陌生的。在学校也有同样的情况。蒂姆无需付出很多努力,便可以取得出色的成绩,成为班级第一。无论是在学校,还是在打篮球时,犯错误和失败从来都不在他的字典里。

有一天,蒂姆入选了篮球国家队。他十分高兴,扬扬得意地参加了第一次训练和比赛。但是,蒂姆在那里遇到了很多比他身材高大、具有宽阔的篮球视野的男孩,简单来说,就是一些水平跟他相当甚至比他更高的球员。在比赛中,蒂姆再也不能一场拿20分了,而这在他自己的小球队里很容易就能实现。投球得分变得十分困难,即使有机会,也多次失败。这当然很正常——他现在的对手都是国家队水平,比他已经适应了的小球队的水平要高很多。但是蒂姆却很难适应这个情况。这让他真的觉得很不舒服。自从他开始打篮球,就梦想着进入国家队,甚至在美国职业篮球联赛(NBA)开启职业生涯……但是如今,他却想说服父母,让自己不参加接下来的比赛。他用的理由正是他父母用过的,多年来,父母为了降低他过高的训练激情,找了各种理由。蒂姆现在表示,在国家队打球并不是他想象的那样;他其实没有那么多的动力和抱负,只是想把篮球当成自己的业余爱好;很快他将进入大学,那时候他就没有时间去打篮球了，因为他的学业将会变得沉重。

梅兰妮（9岁）毫不费力地取得了优异的成绩。在学业上，一切都很顺利。成绩单上只有9分和10分对她而言是很正常的。此外，在算术课上，她很快就能完成所有的练习。这样，她每节课都能做额外的习题。即便如此，她还能剩下时间。现在，梅兰妮的一位老师询问她是否愿意尝试着做一些更难的练习题，而不是重复做相同的习题。这位老师为梅兰妮提供了一种选择：如果她完成了算数本上的练习题，就做老师为她和其他算术能力很强的学生收集整理的特殊练习册。几节算术课后，老师发现梅兰妮并没有做特殊练习册上的习题。相反，她在做普通练习册的习题时，速度慢了很多，再也没有多余的时间了。梅兰妮在家里说，特殊练习册里的习题都很无聊，她也不想成为班里的特殊分子。

卡伦（42岁）同时学习法律和兽医学。一切都十分顺利：她在第一个考试期通过了法律考试，并在第二个考试期通过了兽医学考试。卡伦觉得这是世界上最正常的事了。在她的家庭中，同时完成多个学位的人并不少见。她的结论是，大家都能这么做。她有很多不同的工作——制药部门的顾问、大型外国银行信贷部的领导，此外还是劳资纠纷顾问。她轻松地完成各项工作，对她在各个公司的领导来说，她都堪称典范。现在她得到了一个机会，领导处理和跟进欧洲难民政策的工作，而她却突然很不情愿。对她来说，这是全新的事物。在全面了解这个领域的知识前，她需要进行大量的研究和学习，这样才不会忽略掉文件中的任何漏洞。于是她拒绝了这份提议，理由是，难民危机是一个如此庞大和重要的社会问题，她没有足够的能力去恰当处理这些事务。对她来说，这是一个全新的领域，她无法依靠过去的任何经验确保担任这一极其重要的职位将会是个正确的选择。

如果有犯错误的风险，你会有怎样的反应？如果觉得自己将无法达到之前已经适应的水平，你会怎么做？如果觉得害怕犯错的心理负担会加重，你会有什么感觉？你如何应对犯错误这件事？

很多隐形天赋的孩子和成人很难适应的一点是，犯错误是正常的。如果你总是做低于你能力的事，遇到挑战、存在犯错的风险，对你就会非常具有威胁性。

大部分隐形天赋人群，对于学习如何面对挫折，只有非常有限的经历。这导致的结果往往是，他们更倾向于避免成为犯错的人。一个有力的理由在此能够产生奇效。蒂姆就是这样，当他有机会实现自己从三岁起就拥有的梦想时，这个理由却让他放弃了梦想。他的理由如此有力，以致他的父母完全无法看透，其实是训练和比赛时害怕犯错的心理负担，给了蒂姆致命一击。他不知道自己要如何处理这些错误。相比于寻找应对失败的方法，他宁愿从国家队退出。毫无疑问，大量的错误仅仅是暂时性的，通过高水平的有效训练完全可以逐步减少，但蒂姆的决定也让他失去了体验这一切的机会。

随着害怕犯错的心理负担的增加，很多隐形天赋者会停滞不前、放弃和停止。在梅兰妮身上我们也能够看到这一点。她非常乐意做大量的额外练习，只要这些练习不比前面的题难。但当她被允许做更难的练习题时，她不再确定自己能否顺利地解答，于是她给自己找了一系列不必再做这些练习的理由。难道还有比"这很无聊"和"我不想变得跟别人不一样"更好的逃跑路线吗？每个人不都对此很敏感吗？任何一位老师都不希望对自己的学生做这种"糟糕的事"。

卡伦必须面对相同的障碍。在学习上，对她来说一切都轻而易举，没有哪种（学习和工作）组合是疯狂的，她总能成功。同时做多个不同的工作对她来说也是游刃有余，即使她的职位要求很高，她也几乎不犯任何错误。无论在哪里，她的领导和同事都能很快意识到，他们什么都可以问她。没有什么挑战对她来说是困难的，她能够立刻对大多数复杂的对象进行分析。现在有一个对社会极其重要的问题摆在她面前，恐惧却敲打着她的内心。她不再确定这一次是否还能完美无错,她甚至不给自己机会去尝试。而其他人会觉得,这项任务的理想候选人就这么错过了这个机会……

也许你已经注意到了,这种障碍,即错误需要被触发才能做得更好,和"离开你的舒适区"的障碍有着共同点。但它们之间还是有细微的差别。我们会看到,有些人很容易就可以离开他们的舒适区(比如蒂姆,那个年轻的篮球运动员),但当他们害怕犯错的心理负担增加时,表现就会变差。另一方面,我们也看到,有些人并不介意犯错(比如里昂,他拒绝了升职),但很难离开自己的舒适区。他们看到了很多漏洞,但不知道该如何处理,这造成了他们的担忧。遗憾的是,隐形天赋人群经常把这种担忧视为是无法逾越的,因此不愿离开他们的舒适区。在这种情况下,错误甚至还没有发生。

空的工具箱

空的工具箱指的是一个非常广泛和令人熟知的概念。工具箱里有很多工具,你可以用它们来实现一些事情,例如:规划、结构化、总结、可视化、待办列表的使用、示意图化、学习方法论、会议技巧、销售技巧、展示、学以致用、时间管理、组织，等等。简言之，你达到目的、实现目标所必须的工具，都在你的工具箱里。这些工具与知识、内容和理解力没有直接关联，实际上，这种工具箱也不是隐形天赋特有的。但我们仍得出了一个结论：很多隐形天赋者之所以没有开发出他们的潜力，正是因为他们多年来没有真正填满他们的工具箱。

世界上也许存在着上百种不同的工具，在这里我们肯定没法逐一讨论。所以我们从中选择一样，即规划，来说明构成这种障碍的基本机制。

我们看到，隐形天赋人群会在制订计划、规划时间上挣扎。一名普通员工着手做一个规模一般的项目时，需要用到规划工具。然而，隐形天赋人群在做这样的项目时，并不需要规划工具。所以他们不使用规划工具，而是应用他们自己的方法论。这个方法论通常就在他们的大脑中，很好用。很多时候，他们会给出很有说服力的理由来避免使用规划工具：这只会耗费大量的时间和精力，没它一切也都挺好，几张便签纸就足矣了。如果他们在工作岗位上不断晋升，原则上项目的复杂度和规模将会增大。突然，只靠自己的方法论完成所有的任务行不通了。最后一件他要注意的事情是，他可能无法进行很好的规划，而且他习惯的处理方式也不足以应对他目前项目的规模。如此平庸的事情，总不能是他问题的根源吧？于是，有的人开始自行尝试，但是大多都失败了，因为之前他们给出的理由的确是对的——使用规划工具特别耽误时间，不能涵盖所有你头脑里想到的东西。另外，如果真的想让这件工具有用，你就必须严格地使用它。正是这些因素，当初没能说服那些当事人开始使用规划工具，因为他必须现在、马上得到好的结果。

然而，隐形天赋员工身边的人却很少能意识到这一点。人们根深蒂固地认为，有许多能力的人可以胜任所有事情，他们本身就拥有齐全的工具箱。经验告诉我们，事实并非如此。实际上，隐形天赋者身边的人往往有更多可以利用的工具，因为他们在此前身处困境时，已经早早地使用过这些工具了。例如规划工具，对他们来说可能就不陌生。但他们也同样不能理解，为什么那位特别聪明的同事还在为此纠结。我们经常发现，对智力型隐形天赋人群来说，困难的事可能是很简单的，而简单的事却有可能非常困难和复杂。

未发展学习方法论，或者对其发展较少，是隐形天赋人群的工具盒中经常缺失的另一个工具。大多数隐形天赋儿童，并不在乎小学时代获得的学习建议。他们通常凭借强大的记忆力来掌握学习内容，良好的学习方法因而变得多余。如果没有时间表或者思维导图也可以做得很好的话，我为什么还需要它们？然而，从中学或大学的某一刻起，他们的记忆力不够用了，为了应对学习材料，他们需要有效的学习方法。但是，在他们的工具箱里，并没有提前准备好这个工具。而此时，不是所有隐形天赋者都有勇气去掌握这项新的技能。于是很多隐形天赋学生都不再相信自己的能力，放弃了自己。

如果隐形天赋学生能够充分认识到，第一，自己遇到了障碍，第二，关于学习方法自己完全能做到熟能生巧，他就能回到令自己满意的学习状态。不幸的是，不光隐形天赋者很难意识到这一点，他们身边的人也同样意识不到。因为总能有不同于他人的较好的表现，隐形天赋者受到的期望自然也很高。如果落后了，人们往往会过早地指责他们懒惰或者故意而为，而不是把它视作一种信号，即他们的工具箱可能是空的。此时，至关重要的是支持，而不是拒绝。

强烈的情绪

隐形天赋人群的情绪可能会变得更加强烈，从而形成一种障碍。这里指的情绪，是由于当事人和他身边的人之间的失谐而造成的。有些隐形天赋人群会认为这种失谐很正常，而另一些人则会为此而感到非常痛苦。

多恩（50岁）在职业生涯中已经建立并发展了很多不同的

公司。他能够考虑得很长远，有非常多的想法，擅长创新。他也富有社交责任感，能够顺畅地与人沟通。多恩一直都觉得成立公司很棒，他对此充满灵感，也可以看到很多机遇。他精力充沛，通常能够很快与一位合伙人创立公司。几年之后，多恩却感到自己被"熄灭"了，他不再看到公司运转的价值，觉得所有事情都进展缓慢，再也不能每天带着100%的充沛精力上班。这种过程多恩已经经历过四次了。如今他又开始犹豫，自己是否还要像过去一样出售公司，或者是选择继续经营下去，他的精力大不如前，不断增长的消极情绪也给他带来了越来越多的压力。

英格（19岁）读商务工程师专业一年级，她对这个专业很感兴趣。英格没有费很大力气就取得了高中文凭。中学时，她的方向一开始偏重数学。当数学的课业逐渐变得太难以后，她就转到经济学和现代语言方向。英格不费吹灰之力就在这个方向上取得了很好的毕业成绩。她一直是个模范女孩，非常听父母的话，有礼貌、也很善良，在父母有需要的时候，她就会帮助他们，帮着一起照顾她的弟弟。

开始学习商务工程师专业时，一切顺利。英格对这个学科十分感兴趣，选了所有的课，非常有动力，尽管困难重重，但学得还不错。她的父母特别强调，英格曾说自己甚至学得有些过多了。然而，在一月的第一个考试期后，情况却变得很糟糕。她的成绩很惨淡，心态明显变差。她因为自残好几次被送进医院，最终被暂时收进精神病科。几周后，因为医生无法给出明确的诊断，她被允许出院。她看起来一切正常，只是有轻度抑郁倾向，可以通过药物进行治疗。为了再次获得平静，不让情绪变得太强烈，英格决定终止她商务工程师专业的学习，转向商务外语的本科专业。但是在课上，她又总是问自己，她到底在干什么。她对课程的内容完全不感兴趣，兴致减退，思想涣散。

不管是多恩还是英格都与自己所处的环境严重失谐。多恩觉得身边的人节奏太慢，他指出，"没有人"看起来是准备好走出老路或抛弃既有体系的。他的合伙人是个挺棒的家伙，但他们明明参加了同一个会议，结果却好像分别参加了不同的会议似的。他们要么得出了不同的结论，要么对事物有着不同的理解，于是他们为公司设定了不同的目标。虽然多恩对公司员工的工作非常满意，却很难找到合适的员工参与自己的未来愿景和长期计划。形象地来说，就好似整个房子的图纸还没画好，多恩就已经在盖烟囱了。尽管如此，多恩每一次都希望其他人能和他一样看到房子的全景。但每一次的事与愿违，都让他的情绪十分激动。即便心里明白，他还是深感困扰，因为他有一种必须始终克制自己，不能全力以赴的感觉。

在建立公司必要的运营任务和系统开发里，多恩很难遇到挑战。他不落窠臼的思维方式没有用武之地，因为一切都太千篇一律、墨守成规了。公司成立之初多恩显然能够全力以赴，毕竟那是新思想观念提出和成型的时候，这对于多恩来说是令人着迷的挑战，他可以把它做得很好，同时它又使他精力充沛。一旦公司开始运营，就更需要运营任务的协调和系统结构的开发，而一到这个阶段，多恩就精力减退。同时，他注意到员工们的眼光放得不够长远，有时还会绕回老路。即使员工表现得非常出色，并且很有动力，多恩也倍感沮丧。缓慢的现状让多恩非常懊恼，这感觉就像是他在开车时不得不频繁地拉手刹。

不幸的是，多恩和环境的失谐导致他一直在与情绪作斗争，而这些情绪影响了他的满足感。这导致他怀疑一切，尤其是自己，幸福感也随之下降。

英格也苦于强烈的情绪。她过去的行为一直非常符合社会预期，作为孩子，她竭尽所能地赢得父母、家人、老师和朋友的认可。天赋与生俱来的高度敏感和强烈的正义感，让她一次次取得好成绩。

当英格进入大学以后，她担心自己将无法保持这完美的形象。她的高度敏感、强烈的意识和完美主义考验着她内在的不安感,让她倍感不适,她不再确定自己还是那个完美的女儿、学生或女友。她怀疑自己是否仍然能取得好成绩,这让她感到焦虑,并担心周边人的排斥。她会放大父母眼中黯淡的悲伤,同时想法立即完全转为消极:"看吧,我就是做不到;看吧,爸妈也觉得我不会成功。我让父母失望了,也让自己失望了,对于没有结果的学业,我还有脸让父母承担学费吗?"等等。她就这样被卷入了消极思想的旋涡。英格走投无路,深感无力和失败。

英格和多恩的例子都清楚地表明,强烈的情绪是影响他们表现的障碍。情绪控制着行为,从而影响决策。多恩和英格都感到自己无能为力,他们手足无措,也没有办法扭转自己的情绪,他们看到的唯一出路就是放弃或者转换道路。

这些例子可能引出一个问题:为什么情绪是一种障碍。当你面对障碍时,自然会被情绪困扰,不是很合理吗?换句话说:强烈的情绪不正是上述障碍所带来的后果吗?答案当然是肯定的。情绪确实是一种很少单独发生的障碍,它几乎总是伴随其他障碍出现。但是我们仍然选择将情绪作为一个独立的障碍,因为根据我们的经验,当涉及情绪时,智力型人才自带的放大镜会变成这些情绪的巨型放大器,无论是消极情绪还是积极情绪。

通过我们的实践证明，许多隐形天赋者在遇到"强烈情绪"障碍时使用的措辞，展现了智力天赋对情绪的放大作用："如果有天赋，你就可以快速思考。但是，如果你快速朝着消极方向思考，情绪的重压就会变得难以承受，想再采取积极的行动是很难的，甚至是不可能的。"

另一方面，我们也看到，积极情绪可以带来有力的行动和优异的成果，比如下面讲述的凯蒂，一位成功女商人的故事。

凯蒂（40岁）："当我有个主意、或找到一个难题的解决方案、或者发现一个长期在寻找的机会时，我的情绪就会迸发出来，让我不停地思考。我能看到与其他领域的很多联系、协作可能和优化方案，虽说在未来十年里也许还不能实现，但都是具有原创性的、及时的和可行的。按照我的经验，我必须在情绪积极时记录下这些想法，因为如果等到第二天，许多想法常转去了别的层面，或者被其他不那么积极的想法赶跑了。事后看笔记时，我总会惊讶于它们的简明扼要。所以问题只剩下，如何从过多的选项中做出正确的抉择并开始执行，从而走好个人或公司成长的下一步。遗憾的是，这些愉快、积极和创新的情绪通常是对某种不太积极的事物做出的回应。我常有的感受或体会是，身边的人并不愿意和我一起思考，我们作为公司一员能够抓住怎样的机遇。这往往成为思考的契机……"

由于隐形天赋的放大镜作用，他们的情绪既可以在积极方面也可以在消极方面爆发。这些极端情绪的触发契机，通常是因为他们觉得和周围的人不同。其他的触发因素当然也有，特别是对积极情绪而言，但是我们多年的实践经验表明，如果情绪成了障碍，阻碍你的正常发展，往往是因为你觉得和周围的人不同。对于凯蒂而言，情绪显然不是一个障碍，而是一个强大的优势。而对于英格和多恩，情绪阻碍了他们的发展，显然已成为一种障碍。

完美主义

在表现出色而且习惯于保持优秀的人身上，经常会出现"完美主义"的障碍，他们依靠广泛的技能来达成优秀的表现。比如说，有些孩子在很小的时候就非常认真、有计划、有条理地做作业，他们通常在这上面花费很多不必要的时间，确保毫无差错，获得好成绩。他们使用的技能可能既有很全面的，也有很精细的，因此有些非常耗时，有些则很省时。他们想知道一切，做到一切，也愿意花费必要的时间做出必要的努力，能取得优异成绩是他们快乐的源泉。

这种现象并没有在成年后突然停止，他们还是想认识、做到、控制一切。他们经常试图填补项目里的所有漏洞,并提前确保所有可能出现的问题都能被解决。在开始做某事之前,他们执着于掌握所有的基本知识和专有技术,以保证自己能表现良好。他们要做好一切准备。准备不能只涉及一小部分,一定要全面细致。

这些本来是非常好的特质,但其中却包含着潜在危险。如果他们认为,做出的成果和理想有差距,就会选择走两条不同的路:一些人停滞不前,拒绝走出自己的舒适区,导致长期从事低于自己能力的工作。其他人却严守"完美主义",即使项目难度或规模增加,他们也会不满足于低标准地完成,并尽全力使其达到高标准,这种追求细节完美的习惯,全权掌控知识和行动的意志,给他们带来了巨大的压力。数不清的不眠之夜,一周工作七天,独自细化工作以确保万无一失,等等。短期内可行,但从长远的角度来看,往往弊大于利。

洛特是一个听话的好女孩。她放学回家后,吃点水果,然后就认真地做作业。在高中时,她认真学习,精心准备所有的事情,每门科目都有书面预习、总结摘要、时间表等。她以91%的成绩毕业,学校建议她想学什么专业就学什么专业。但是洛特在大学里却过得并不好,她给所有科目做详细总结和安排、仔细研究所有书面内容花费了很长时间。她的学习进度严重落后，她开始花更多时间更努力、深入地学习，完全没有时间干别的事情，可惜还是没有成果。洛特决定停止学业，到父亲的公司工作，尽管她从没如此计划过，但结果还不错……

托尔（37岁）在一家IT公司工作。他被派到其他公司担任顾问，帮助完成有明确安排的项目。托尔热衷于满足客户们的需求，让他们满意。每个项目他都会做到让所有人满意。托尔把一切都看在眼里，注重细节，每次他去哪家公司后，那里的一切都能顺利运行。老板对托尔的工作方式也非常满意，逐渐让他承担起更大的项目，成为这些项目的最终负责人。托尔继续按照习惯坚守职业道德，超额完成客户的要求。两年后，托尔形销骨立，工作和生活失去平衡，睡眠严重不足，感情方面也遇到了问题，因为一切都要给工作表现让路。"完美主义"这个障碍把托尔逼上了过度疲劳的不归路。

完美主义不仅仅表现在典型的"奋斗者"或追逐目标的人身上，它出现的频率其实很高。完美主义和过度工作是隐形天赋认知优势的结果。如果你能察觉到事物的漏洞和机会、提出新颖的解决方案、创新思考并充满动力，那么你有很大的冲动去完成事情、抓住和解决问题，也是符合逻辑的。

抵抗

高中的一堂宗教课上，对于即将到来的反思日活动的举办和组织，老师问学生是否有什么想法。巴蒂斯特（16岁），一个全心全意的组织者，马上提出了许多建议，并得到了老师和同学的响应。一周后，这位宗教老师再次在课堂上见到巴蒂斯特，并感谢他提出的提议，她说自己已经按照他的提议安排了自己班上反思日的活动。但她不是巴蒂斯特的班主任，这意味着她并不对他所在班级的反省日活动负最终责任，也没有发言权。巴蒂斯特非常气愤，首先他觉得这名老师抢了自己的主意，而更令他沮丧的是，他们班的反思日活动将和以前一样，没有任何新意。在该学年剩下的时间中，巴蒂斯特让这个宗教老师很不好过，他上课不听讲，不按要求做事，并经常发表言论批评这名老师，甚至说出伤人的话。

在历史课中，丽萨（14岁）的一项作业，是关于中世纪房屋建造方式的。她觉得这个主题毫无意义，立即对其产生了抵触心理，她尽全力推迟任务进度，甚至到最后根本不交作业。她的借口滔滔不绝，以致老师最后都没注意到，她是唯一一个没有完成作业的人。

朱利安（30岁）不赞成他老板管理库存的方式，他认为效率还能再提高很多。在朱利安眼中,老板使用的还是"史前"技术,而现在是时候把工作场所现代化了。朱利安抓住一切机会来证明现有系统的瑕疵、错误的操作。通过这种方式,他希望挫败感和羞耻感能让老板明白,改变势在必行。

巴贝特(10岁)上小学五年级(荷兰的七年级),她的老师喜欢调侃班上一个肥胖的女孩,无论是在营养、运动还是健康方面,甚至是毫不相关的事情上,她都会在课上说出一些尖锐刺耳或没有礼貌的话,明显就是针对这位超重的同学。巴贝特对此非常恼火,她研究过很多关于肥胖症的知识,明白这不仅仅是吃糖太多的问题。她无法容忍这样的老师,认为这位老师的言行举止与教师的责任极不相符。巴贝特决定做出极不明显的抵抗,每次老师让她干什么,她都客气地答应,但并不去做。比如,如果老师让巴贝特把垃圾倒到操场上的大垃圾桶里,巴贝特会点头同意,并提起垃圾袋跑去操场,但她最后却会带回更大的一袋垃圾。她热衷于在老师无所察觉的情况下干这种事,看到老师被自己各种各样的恶作剧折腾,巴贝特心满意足。

抵抗是一种严重影响表现的障碍。当你把所有的精力都投入到抵抗里,就没有时间进行实际工作或任务了。当你感到自己不被理解、遭遇不公正的对待、觉得一个系统无用或对他人的无知和不负责任感到烦恼时,就会产生抵抗心理。

巴蒂斯特、丽萨、朱利安和巴贝特的例子是我们在不同的情况下看到的抵抗形式。在"交流"障碍中对老师发脾气的艾玛，显然也有"抵抗"的问题。艾玛认为老师的教学方法没有任何优点，而且老师自己也犯了很多错。老师没有经验，所以无法解释所有细节的这个理由，并不能让艾玛原谅这位老师。正是因为艾玛对这个领域非常感兴趣，她失望的感觉才会这么明显，她的抵抗才会这么强烈，以致她自己最终也成了受害者。

隐形天赋人群的抵抗形式非常具有批判性和伤害性，并不完全符合人们依据年龄对其所做的预期，就像巴贝特。经常有父母向我们求助，他们不能及时理解儿女的个性，会给孩子带来很多挫败感，使其产生各种形式的抵抗。常见的有不良用语、发脾气和过激情绪。一些孩子试图操控父母的情绪，并痛苦地把成长过程中所有的痛点和矛盾都揭露出来。

隐形天赋人群追求与他人不同的目标，他们的抵抗源于他们不愿响应周围环境对他们的要求。有人深受这种障碍的困扰，以致放弃一切，与所有人抗争。其他人则尝试以某种方式应对这类抵抗，但最终往往是不满意或不愉快。这种障碍很难对付，它是如此顽固，以致当事人最主要的妨碍是他自己。他与每件事和每个人为敌，到最后谁都不愉快。

抵抗背后的情绪持续存在，并且隐形天赋者多年来都感到不被理解，这种障碍就会演变为对整个社会的抵抗。这种演变很不幸，因为一旦开始抵抗社会法则，隐形天赋人群利用潜力的最后机会就消失了。什么都不好，谁都是错的，他们会与社会脱节。隐形天赋人群如果不受这个障碍的困扰，能与周围环境和社会和谐相处，就更有可能充分利用潜力，追求其目标。

社交

萨宾（24岁）的智商为146。学生时代，她成绩优异，现在是一名结构工程师，正在英国一所著名大学攻读博士学位。她和柯恩在一起有几年了。他们第一次共同参加的婚礼，是柯恩堂兄的婚礼。萨宾本不想去，她觉得跟他们不熟，但柯恩很想让萨宾认识他的大家庭。萨宾最后同意了，并发现现场的熟人比她想象的更多。但是当柯恩与几位家庭成员交谈时，突然发现萨宾不见了。他最终发现她一个人在街上游荡。类似的情况在那个晚上出现了好几次。第二天，当柯恩询问到底发生了什么事时，萨宾突然大哭起来："我只是不知道该对周围的人说些什么，我觉得他们不理解我，这让我感到孤独和不安。所以我偶尔需要一些空间来呼吸，否则我会喘不上气。以前我参加聚会时会先喝三四杯酒，微醺会让我健谈些。但是喝酒会让我感到疲惫，甚至恶心，所以我再也不那么做了。结果我越来越害怕与人交谈。我真的很想摆脱这种状况，但我不知道该怎么做……"

萨宾显然遭受了"社交"障碍的折磨。她避免社交接触，陌生的社交环境对她来说就是地狱。这种现象确实在隐形天赋人群中更容易出现。他们觉得参加派对、招待会、家庭聚会、会议和社交谈话非常容易令人疲倦，或者像萨宾一样，认为这种困难几乎难以克服。这通常会导致友谊缺失、孤独和极大的社交焦虑。

如果社交活动进行得并不顺利，且你的天赋放大镜开始起作用，那么你会非常强烈地感到别人不是真正了解你，你也不理解他人的社交信号。如果这时你尝试表达某些内容，但发现其他人都皱着眉头，你便会立即怀疑自己是否说错了什么。社交的不安感就这样变得越来越严重。很多时候，你会经历乏味或毫无意义的闲聊。"他们在说什么鬼话？"或"多么肤浅愚蠢的话题！"这些是隐形天赋人群谈论社交时，经常出现的评论。遗憾的是，这往往会导致他们减少甚至完全放弃社交。我们经常看到，隐形天赋人群以这种螺旋下降的形式陷入困境，并把他们的放大镜作为一种操控工具。他们避免所有可能的社交活动，认为一切都是毫无意义和荒谬的。一方面，该观点在某些情况下是正确的。有些没有社交障碍的隐形天赋者也觉得这种所谓的社交谈话肤浅、无聊透顶或令人疲倦。但有的隐形天赋者却越来越多地使用该观点来掩饰自身在社交中的无知和缺乏安全感，这显然是放大镜在起作用。然后，作为幕后操纵者，该观点巨大的力量破坏了他们每个锻炼或发展社交技能的机会。

这种行为也非常不利于潜能的利用。交流想法、领导、合作、建立团队，这些要素都需要你具备良好的社交技巧。比尔·盖茨不是凭借一己之力让微软问世的，托马斯·爱迪生身边众多的工程师帮助他将许多发明应用于实践，迈克尔·乔丹也需要一支团队来赢得比赛。不仅大成就，小成就也常常需要大量的社交互动。如果你具备社交技能，那么合作或组建团队会容易得多。因此，缺乏社交技能通常会带来很多困难。

我们在这里必须补充说明一下，善不善于社交与天赋无关。有些人一直是聚会上的活跃分子，而有些人更喜欢在角落里看书。很多人介于这两者之间。对于隐形天赋人群来说也是如此。有些人从社交中汲取能量，并将其视为一项非常宝贵的资源。因此，隐形天赋带来的敏感度和放大镜只会帮助他们掌握那些社交技巧。他们激励着一支庞大的团队，帮助每个人施展才华，确保人们可以良好合作……而另一些人则不那么善于社交。如果你性格内向，思考速度与他人不同并因此社交较少，这当然没问题。但如果你放任这种螺旋下降的引导，变得越来越孤独，这就有问题了。之后，如果你再也不进行任何社交活动，那就太可惜了，因为具备社交技能通常是每个领域的重要附加值。

接纳自己的与众不同

乔安娜（17岁）度过了艰难的一年。她觉得自己不被同学理解，在学校也没有同性朋友。她读的书、听的音乐和同学们都不一样。在教室里，她被称为"怪胎"，因为乔安娜经常向老师们提出深刻的问题。她的同学担心，乔安娜提出的问题将成为考试内容，他们清楚地表示，他们不喜欢和她一起上课。乔安娜不明白为什么她的同学觉得这些问题很烦人。毕竟，对她来说这些问题才是有趣的，为什么他们对此有意见？难道不是每个人都对这些感兴趣吗？

正如我们之前所提及的，感觉与众不同是隐形天赋人群的特质。对于乔安娜来说，这种感觉显然是一种障碍。她意识到了这个现实，即其他人看不到她看到的问题、担忧、差距和机会。而且，乔安娜也缺乏适当的参考对象。毕竟，到目前为止，她几乎没有或完全没有接触过和自己发展水平相当的人群，这让她感觉自己是外星人，仿佛她是世界上唯一一个这样思考和感觉的人。桑德也有这种感觉。

桑德（25岁）是一位年轻的经济学老师。他博览群书，对这门学科充满热情，几乎了如指掌，并且相信学生只有自己掌握了许多经济和商业经济法则，才能真正掌握这门学科。因此，他希望和学生一起参观不同的公司。此外，他还想邀请成功的商业领袖来学校，与学生分享他们的想法。他的学生都对这门课充满热情。但桑德却经常被告知，他与学生外出的次数过多，不能在这上面浪费太多时间，因为教学目标必须按时完成！此外，他的教学方法与其他经济学老师有很大不同，甚至可能引起其他老师和同学的嫉妒，而桑德却完全不能理解这种想法。运用多种学习形式，学生的积极性会明显增强，还能获得对经济学的实践认知。这些都有利于学生的长久发展，这难道不是教育的最终目的吗？桑德很快就感觉到自己在学校管理层眼中是个只会增加负担的人。他们给他的只有反对，没有合作。两年后，他结束了他的教师生涯。

乔安娜和桑德都因为自己的天赋而与同学或同事有着不同的处事方式，到目前为止，他俩也都总觉得自己与众不同。事实上，与众不同应该是很正常的，每个人都是独一无二的。然而，对他们来说，与众不同已经成为了一种障碍。

由于乔安娜感觉自己与众不同，无法忍受同学责难的态度，她决定适应环境。她不想再在班里引人注目，不再提问题，并尝试与她的同学交流。乔安娜表示自己已经变成了变色龙，她已经不知道自己究竟是什么颜色了。

桑德变得非常不自信，并开始质疑他作为老师和作为人的能力。这不利于他的自我认知。他觉得自己很愚蠢，觉得其他人能教得更好，并表示他的教学方式有可能是错误的。桑德变得如此缺乏安全感，甚至他舍弃了对教学的热情，并决定做其他工作。

如果只因为自己为人处事的方法与周围人不一样，与众不同的感觉就转变为认为自己是外星人，这会严重抑制潜力的发挥。在这种情况下，与其他发展水平相同的人群的接触是必不可少的。那些在成长过程中有幸保持这种接触的隐形天赋人群，并不认为与众不同是一种障碍。他们认为，能够处理好人与人之间的差异，并有能力发展自己和他人的最大才能，这是一项巨大的附加价值。

认清障碍

如果我们回顾所有的障碍，会发现它们不仅仅是隐形天赋人群的专属，实际上，这些障碍人人都会遭遇。但重要的是要了解到，这些障碍经常是无形的，而很多人完全没有预料到，它们会出现在智力型人才身上。隐形天赋人群往往意识不到他们身上存在的这些障碍，他们周围的人亦是如此。人们期望这些具备特质的人能力强大、无所不能、顺风顺水。此外，通常在刚开始上学时，隐形天赋人群的表现就比社会预期的平均水平要高，从而发展出自证预言[14]：表现优秀对他们来说显然轻而易举，因此，"奇才不会遇到障碍"这一观点只会更加根深蒂固。

我们希望能够帮助社会消除这种误解，并让每个人深入了解隐形天赋人群。通过展现隐形的风险，我们希望可以确保他们更好地利用现有的潜力。因为好消息是，障碍是可以消除的。如前所述，这些障碍通常是隐形天赋人群的软肋，但它们可以通过训练加以强化。

如果隐形天赋人群认识到了这些障碍，往往会如释重负。潜意识里他们已经进行了很久的自我斗争，但并不知道如何表达自己的感受。能将这类障碍表述出来，对隐形天赋人群的自

---

[14] 译者注：自证预言，是由美国社会学家罗伯特·金·莫顿提出的一种社会心理学现象，是指人们先入为主的判断，无论其正确与否，都将或多或少地影响到人们的行为，以至于这个判断最后真的实现。通俗的说，自证预言就是我们总会在不经意间使我们自己的预言成为现实。

我接纳有很大的帮助。他可以从中极大地提高自信。同时，意识到这是一个循序渐进的过程也很有帮助。

隐形天赋人才可以发展需要的技能，来应对他的个人障碍吗？

这是个重要的问题，答案也显然是肯定的。有些隐形天赋者一旦对自己的障碍有了深刻的了解，便立即采取行动，发展合适的技能，寻求内心的平静，从而更好地运用自身潜力。其他人则需要更多的时间和培训，这通常是因为他们多年来只感到沮丧和旁人的不理解。

深入了解自身障碍并不意味着隐形天赋人群必须屈从于环境，丧失自我。我们将在这里详细说明。许多隐形天赋成年人表示，他们一直觉得，自己和环境的冲突是自身造成的，与他人的处事方式趋同才是唯一的出路。现在他们发现事实并非如此，这让他们舒了一口气。请注意：我们并没有说周围的人有错。这不是孰是孰非的问题，而是关于与众不同的讨论，并如何学会处理这种不同。如果隐形天赋人才认识到自身的障碍，就有利于解决这种冲突，从而在保持本性和适应环境之间维系平衡。如果这个解释还不是很明确，下面的例子可以帮助你理解这句话……

想象一下你是一名出色的长跑者，所向披靡，名气很大。

除了参加高水平竞赛外，你还定期和一群朋友跑步。你从小就练习跑步，并从长跑中发现了很多乐趣。多年来，这已经成了一个定例：每月和朋友们跑一次步，纯粹为了高兴。这对你来说很有趣，你喜欢和朋友们在一起，也愿意将自己的快节奏调整为朋友们的节奏。朋友们也很尊敬你，因为尽管你很出名，却依然真心实意地与他们聚会。你觉得和他们一起跑步毫无挑战，却并不感到厌烦，因为你更看重友情。朋友们也知道这对你可能有点无聊，所以经常告诉你不必拘束，可以按自己的速度奔跑。有时候，你的确会自己先跑，当你的朋友们筋疲力尽地到达终点时，你已经洗了个澡，享受地喝起饮料了。朋友们很高兴看到你坐在那儿，他们询问你什么时候到的，并由衷地称赞你的速度。参加比赛对你来说是"真正的工作"，那才是讲究速度的场合，你会全神贯注，只求超越对手。

有趣的是，快跑者对自己的才能的感觉与善于思考者不同，前者在适应环境和自我之间找到了平衡。当他发挥自己的才能，把所有人甩在身后时，他受到了欣赏和尊重。思考者对此的感受则不尽相同。他快速的思维方式往往不被欣赏，其他人常常感觉自己被无视了，他们并不能理解他说的话，并怀疑这是否有必要。他们往往（无意识地）缺乏尊重和欣赏，这使得思考者感到适应他人可以避免混乱，带来和谐。毋庸置疑，这种行为不利于他的健康发展。如果思考者能像跑步者一样，找到平衡，这对他自身的发展是有帮助的。

这里有一个不可忽视的区别：善于奔跑者意识到自己的确比其他人跑得快，这是个既成事实；每个人都看到了，他也一样。换句话说，他不必怀疑自己的能力。善于奔跑者也接受了其他人比自己跑得慢的事实，完全不会责怪跑步慢的人。反之亦然，跑得慢的人并不会强制快跑者放慢步伐，也不会阻止他全速前进。跑得慢的人也根本不会建议快跑者与小组的步调一致，以便他们同时到达终点。另一方面，快跑者经常给跑得慢的人一些建议，以改善他的技术并运用技巧来尽可能地跑得更快。

善于思考者的情况就有所不同。因为思考的速度不能够直观地反映出来，所以他通常不相信自己的思考速度，进而产生怀疑和不自信。如果问思维敏锐是什么感受，通常是孤独。想找到拥有相匹敌的思维速度，能够一同快速拓展思维和见解的人，并不容易。解释他思考的一切、用不同的方式表述、提供更多论据以加强认知并争取支持者，这都需要大量的努力、时间、沟通技巧和适当的情绪处理等。而这些，正是善于思考者最常见的障碍。

第四章

天赋模型：
你是表现型，独立型，还是非独立型？

善于思考者或智力型人才都可能遇到障碍，导致他们的潜力不能被完全激发或有效利用，特别是当他们自己没有意识到障碍存在的时候。在第五章中，我们将详细讲述智力型人才该如何应对障碍，以消除其对自身的危害，至少尽量减小这种危害。但为了能真正理解第五章的内容，我们认为应首先介绍一下智力型人才在不同方面的巨大差异。深入了解我们的"隐形天赋人群模型"，对于进一步发现或发展你的潜力非常重要。

天赋，比想象中复杂

虽然在今天，把可以贴上同一标签的一群人或一些事物看作同一种实体，似乎成了一种准则，但是伴随着了解的深入，你会发现这种做法并不总是正确的。沙发就是一个很好的例子：沙发是一种你可以坐的东西，但我们都知道沙发有很多种，既有硬木长椅，也有舒服的五人沙发，甚至每一大类内部又可以再继续细分。简而言之，即使是像沙发这种简单的物体，在现实中也可能存在着非常丰富的多样性。

隐形天赋人群当然不能同沙发相比，但这个群体内也存在着无数的多样性，只是这种多样性很难被外部世界发现。他们怎样对待学习，怎样应对挑战，在职场上怎样做等，这些仅仅是很多问题中常被提到的几个而已。所有隐形天赋者好像都会很快觉得无聊，都不愿意重复，好像都在经受害怕失败的折磨，好像还都挺聪明，却显然都有社交障碍。像这样，有关隐形天赋者的问题有时听起来过于笼统，然后，对于隐形天赋人群的无数偏见又不断强化着人们对这一概念的笼统概括。在我们机构里，就经常能遇到隐形天赋人群被错误地一概而论的案例。这对他们来说也许是不幸的，但是隐形天赋人群这一概念确实不容易被理解：这比通常所想的要复杂得多，并且隐形天赋人群的多样性也远超室内设计店中丰富的沙发种类。更直白地说就是：每个人都与众不同，每一种天赋都应当被正视。

增强自我认知的工具

为了能在混乱中抓住本质，了解特点、内在情绪、外在和内在的应对方式、个性等的多样性和复杂性，我们设计了一个分类向导。它是一种工具，可以帮助我们更好地理解、陪伴和指导隐形天赋人群。过去20年里，我们同一万多名隐形天赋儿童和成年人，以及他们的父母和老师进行过单独谈话。我们从丰富的实践经验出发，并以我们记录的不同的个性和可能存在的弱点为基础，整理出了一个模型，从中可以看出，哪些是智力型人才之间的根本性差异。

我们希望通过这个模型，尽快消除仍在世界上传播的有关隐形天赋人群的顽固偏见。比如"如果你拥有天赋，肯定总是得10分"。或"有天赋的人真的从大自然母亲那里获得了一切，他们无论何时何地都知道该怎样拯救自己"。还有"有天赋的人会自然而然地去做能让他们成功的事"。

我们也希望能够通过这个模型，帮助隐形天赋人群进一步认识自我。其中一步就是让他们意识到，"有天赋的人"不存在一个刻板的形象：如果你与那种刻板的形象差别很大，很正常；作为一个隐形天赋者，必须学会避免犯很多错误，这也很正常。

最后，我们希望借此模型为家长、老师和领导提供一些指导，增加他们对此的了解。最好用哪种方式来看待智力型人才？你还能在何时何地给他指导？一些特定的反应是从何而来？你最好怎样回应？

这个模型绝不是为了把人们归类。你非常有可能在不同的类型分类中找到自己的共同点，但经验告诉我们，一定会有一种类型明显占主导地位。你可能会发现，不同的类型之间并没有严格的分界线，类型a和类型b之间的界限到底在哪里也可能会有争议。这是符合逻辑的：如前所述，隐形天赋人群就是一个由很多未知参数纠缠在一起的复杂体。

一些有天赋的人在童年时期就已经可以明确地同某个特定的类型联系在一起，而另一些则需要等到成年后才可以。我们将进一步解释其缘由。

无论如何，我们都能把隐形天赋人群分为截然不同的三种类型：表现型、独立型和非独立型。我们把这三种类型及其特性总结为琪波姆-芬德里克斯天赋模型（见图6）。每种类型都有自己特定的特征，并伴随着一些特定的优缺点。后面，我们将逐个深入讲解这些类型。

	表现型	独立型	非独立型
个性	需要高成就来使自己感觉良好	在表现之前必须看到此事的益处或者对它感兴趣	不愿因接下来的期待而被评判

图6：琪波姆-芬德里克斯天赋模型

表现型：被赞美是我的动力

弗雷德里克（19岁）在大学学习。他的学习生活到目前为止都很顺利。在弗雷德里克还是个小学生时，什么问题都没有出现。弗雷德里克很受欢迎，有非常多的好朋友。此外，他总能取得优异的成绩，也总是一丝不苟地按要求做事。弗雷德里克还有很多爱好，足球、田径、吉他，还有绘画。在足球方面他尤其有天赋，在很小的时候就成了球队中最好的球员之一。这就是为什么在学校总有人为他欢呼。大家都很崇拜他，若是球场上要进行足球赛，所有人都想要弗雷德里克加入自己的球队，这样他们就赢定了。有一次办生日会，弗雷德里克产生了组织一次足球比赛的想法。他细致地做好了一切准备：有领奖台，还有证书、奖牌和奖杯。然而在比赛中一切都乱了套，弗雷德里克变得非常不开心。他那天踢球的状态不佳，因而没能进很多球。更糟的是，他所在的球队输了好几个球，他自己的防守也多次被攻破，而仿佛这一切还不够糟糕似的，他的数次进攻也都被阻止了。弗雷德里克特别难过，生日会上他一直在哭。当弗雷德里克仍陷在悲伤中时，他的父母不得不出面救场。

在弹吉他方面，问题出现得更快。起初，音乐仿佛就是弗雷德里克的生命。他整天哼着曲子，上课时也一切顺利，甚至没必要多加练习。过了不久，曲子的难度增加了一些。即使弗雷德里克练习了好几遍，他也不能像自己想的那样弹奏顺利。学年结束时，在父母的同意下，他放弃了弹吉他。毕竟，他很明显对此不再感兴趣了。

在绘画班上，弗雷德里克的老师对他十分关注，因为他相当有天赋。老师鼓励他参加绘画比赛。弗雷德里克对此非常感兴趣，投入了大量时间，创作出了一些很美的作品。他时不时就会获得一些奖项，直到今天他仍会在闲暇时间里画画。

一进入中学，弗雷德里克就开始把更多的时间放在学业上。他取得了很好的成绩，在研究方面展现出强大的天赋。他以约90%的平均成绩从中学毕业。

目标使人幸福

从天赋模型来看，弗雷德里克属于表现型。表现型是那种从内心深处渴望表现的人。出色的表现使他幸福，所以当他表现很好时，便会拥有不错的心情。达到目标对表现者来说太重要了，以致他几乎一生都要在各方面有所表现，即便那并非他个人兴趣所在。

对表现者来说，表现本身是至关重要的。在学校，表现者往往是那些在各学科都取得高分的学生，无论是精密学科[15]、历史、地理还是语言课，都是如此。因此，到中学快结束时，家长和老师们对他们的期望值都很高，这是合乎情理的。毋庸置疑，这些学生都将取得很多成就，拥有成功的事业。但是细心留意的人会发现，表现者需要相当大的确定性，决不会冒险。

---

[15] 译者注：精密学科指数学、化学和物理

只有当他有足够信心做出被要求的表现时,他才有动力去表现。若情况相反,那么表现者就会退出或者停止努力,因此也就不会有任何表现。

如果观察一下弗雷德里克的例子,很容易就能发现,表现对他来说相当重要。若是他能够表现得好,他就勇往直前,在各个方面都能取得优异成绩。他的学习成绩、足球赛和绘画都证明了这一点。但如果他觉得自己不能表现到自己期望的水平,他的积极性就会被完全打消。在他眼中完全失败的生日会足球赛就是这样的一个例子,而他放弃弹吉他的方式则更加典型。弗雷德里克很有可能已经说服了所有人,弹吉他不仅无聊而且相当无用,因为通过弹吉他挣钱的可能性非常小。那他为什么还要为此投入如此多的时间去练习呢?如果仔细分析这个案例会发现,其实弗雷德里克很喜欢音乐,也很喜欢弹吉他。而直到他认为,自己的吉他水平不如预期中提升得那么顺利,他才开始对吉他丧失兴趣。他暗自幻想能成为新一代的亨德里克斯[16],但面对那些弹得比他更好或是学习时间更长的学生,他看清了现实。弗雷德里克的老师对他的放弃感到非常遗憾,因为他有充分的天赋。弗雷德里克对自身太过失望,以致他由此确

---

[16] 译者注:詹姆斯·马歇尔·亨德里克斯(James Marshall Hendrix,1942–1970),著名的美国吉他手、歌手、音乐人。

信，弹吉他不是一条他该走的路，或者说他达不到自己所期望的高度。他对弹吉他的兴趣如日光下的白雪般消融，放弃是唯一的选择。

有把握的挑战

在表现型的人身上，我们常常看到两种障碍。第一种障碍是对失败的恐惧心理。如果观察一下弗雷德里克的例子，你就会注意到，他确实经常遭受害怕失败的困扰。甚至在很小的时候，弗雷德里克就已经有这种困扰。当他和球队必须在系列赛中和一支顶尖球队进行比赛时，他一站到球场上肯定就会立刻"石化"。如果他知道或者感觉到对手更强，就几乎不敢比赛了。无论他的教练和父母说什么或者做什么，弗雷德里克也宁愿做一尊雕像，而不是像他平时比赛时那样踢球。在中学里弗雷德里克也因害怕失败而备受困扰。在数学或拉丁语考试前夜，他偶尔会恐慌症发作。他会完全沉浸在恐慌中，担心自己没有学会所有的知识并且无法通过考试，尽管他之前得的都是9分和10分。也就是说，弗雷德里克考试不及格的可能性是极小的，即使不学习也很有可能通过考试。但是由于对失败的恐惧心理突发，他的父母为了让弗雷德里克恢复平静并重新振作，付出了很多努力。

完美主义是第二个时常给表现者造成困扰的障碍。弗雷德里克强烈渴望在学校表现优异。他绝不允许自己的分数低于85%。但是为了能一直取得这样高的分数，完美主义就逐渐成为一种习惯。弗雷德里克对学习一丝不苟，这让他不会错过任何一个细节。他做了过量的总结，不断重复，而且每次都要逐字逐句地写出来。总之，弗雷德里克发展出的这套学习方法，对于结果而言是非常高效的，但同时也很耗费时间。在中学的最后几年里，除了学习，他几乎没有时间做别的事。

这当然是有回报的。每次弗雷德里克取成绩报告单时，他都会因出色的成绩和辛勤的付出受到称赞。很多人向他的父母表示祝贺，常有人对他们说，世界将属于他们的儿子。自豪的老师们敢打赌，弗雷德里克将在几年内登上报纸。他肯定会有特别的创新，也许将成为一名享誉世界的教授，或者一家跨国公司的负责人。每个人都坚信，无论他要做什么，都一定会很成功。

然而，弗雷德里克自己根本不相信这些。他越来越感觉到，其他人把他的突出表现视作平常，并且不再对他有所期待。他一点儿也不喜欢这样，这使得他有时会陷入怪异的境遇。在班级里公布分数的时候，一些同学总是对弗雷德里克的成绩格外感兴趣。如果其他学生偶然有一次分数比弗雷德里克高，那么全班同学都会为之欢呼。在分发成绩单时，大量的家长会询问弗雷德里克的成绩，并且毫不掩饰地表示，他们对自己的儿子或女儿实际上有着相同的期待。长期以来，弗雷德里克本人时常置疑自己会再次取得优异的成绩，他第一时间在成绩单上看的科目，总是他没把握的科目。如果他看完成绩后松了一口气，老师有时会笑他："行啦，弗雷德里克！你会成绩不好？你怎么这么想？在毕业班所有学生里你是考得最好的！"

　　老师们使出浑身解数让弗雷德里克放心，因为如果有人不需要害怕，那一定是他。弗雷德里克非常勤奋，并且树立了作为一个学生应有的正确心态。此外，老师们还告诉他的父母，班级里有弗雷德里克这样的学生是多棒的一件事。他总是对一切事物抱有兴趣，不断提出有趣的问题。但是，尽管老师们一直对他十分赞赏，他却越来越觉得自己必须在未来一直能表现出这样的水平才说得过去。他逐渐不再确定，自己是否能满足如此高的期望。他自己完全没有意识到，这些都是他特殊的能力造成的。对于弗雷德里克而言，越来越清楚的是，超高期待唤醒了他内心深处的不安。对于他来说，最困难的可能还在于，没有人看到他的不安。但是，不管外界看到与否，在这种情况下"害怕失败"和"完美主义"会不可避免地发展，而该过程往往比你所想象的要早得多或微妙得多。

抓住机会

弗雷德里克15岁时,有人建议他去踢更高级别的比赛。这个机会无疑很吸引弗雷德里克,他将和高水平球队一起受训几次。他还表示,自己需要一个月的考虑时间,来决定他下一年是否要去级别更高的俱乐部。他的父母同意让他自由选择。然而,当弗雷德里克表明他决定留在原来的球队时,他们却十分愤怒。毕竟在现在的级别里,他几乎可以肯定,每场比赛他都能进球,而且常常成为"全场最佳"。

弗雷德里克给出了惊人的理由来避免接受这次挑战。首先,每一次训练来回都需要开半个小时车,弗雷德里克觉得自己不能给父母增添负担,让他们每周忍受5次这段路程。他还颇具前瞻性地指出,两年后他想上大学,无论如何都无法兼顾更高强度的足球练习。他将在学业上花费很多时间,这比足球重要得多。长远来看,到时他可能连必要的训练都无法参加。

他给出的每一条理由都很有道理——如果你听了,也会认为他的理由既富有同情心又很成熟。弗雷德里克考虑到了他的父母,而且现在已经在认真思考未来的学业。在这种情况下,完美反驳他的可能性非常小。人们很难发现弗雷德里克这一决定背后隐藏的真正原因——自我怀疑、不安情绪和害怕失败。

这令人感到十分遗憾,尤其是当我们想到,在弗雷德里克内心深处,没有比加入高级俱乐部更渴望的事了。然而,在试训期间,他感到自己和别人之间的水平差距太大,这让他变得很不自信。强大的对手使他感到自己的表现无法达到自我要求。即使足球教练对弗雷德里克十分热情,并且看到了他巨大的发展潜力,可惜的是,弗雷德里克依然不敢接受这个挑战。没有抓住这个梦寐以求的机遇,是表现型隐形天赋者的典型表现,也是他发挥潜力的重大阻碍。

在表现型中,这一点尤其引人注目:如果能够取得出色的成绩,并对此感觉良好,他们就将全力以赴。然而,一旦他们因为个性使然,觉得自己表现不够好时——这当然会带来不舒服的感觉——情况就会完全改变。取代确定性和对某事的追求,是强烈的不安、不自信、倍感压力、想要放弃和想降到更轻松的水平,等等。此时,外界再也无法理解他们,曾经寄予的厚望此刻会像纸牌屋一样崩塌。

因此,典型的表现型隐形天赋者的独特个性,会导致特定障碍的形成。这些障碍从他们小时候就开始发展,密切关注者和观察者很快就会看到它们。接下来,重要的是不要让表现型回避他们的障碍,否则他们无法发展出一套应对机制或技巧。更好的处理方法是教导他们如何应对这些障碍。应对机制和技巧是必不可少的，这会让表现型隐形天赋者学会利用和欣赏他们的真正潜力，并最终为此感到幸福。

独立型[17]：只做有意义的事

尤里安（28岁）是一位园艺设计师，自己经营着一家大型园艺公司。7年前她开始创业时还是个学生，与此同时已经在国际园艺设计比赛中斩获了各种奖项。她的园艺设计甚至在国外都深受人们的喜爱。她的公司不断发展，现在她正忙于在国外设立一家分公司。

如果你观察尤里安学生时代的经历，会马上发现她和弗雷德里克完全不同。尤里安还是个小姑娘的时候，完全称不上是个好学生，当然也不是班上最出色的。在小学时就不断有人告诉她，她可以做得更好，她必须竭尽所能，以及她在学习上多花一点时间是不会错的。她的考试分数接近全班的平均水平，偶尔会低一点，但有时也会出人意料地名列前茅——一般发生在她格外感兴趣的科目或作业上，而她的表现也会马上展现出这一点来。如果你尝试鼓励她在下一次更加努力取得更高的分

---

[17] 独立型这一类型在琪波姆-芬德里克斯天赋模型中与个体户无关。（译者注：荷兰语中独立型和个体户是同一个词）

数，她完全无动于衷。她会大声质问为什么要这样做，明明不付出多少努力就能做到，她为什么还要竭尽全力。

尤里安在课外仿佛是一只非常忙碌的小蜜蜂。她打网球、弹钢琴，并且对大自然的一切都很感兴趣。她对自己的爱好许下了坚定的承诺：她将为此全力以赴。在尤里安坚持打网球之前，她也尝试过其他运动，但她觉得那些都没意思，也没有为之付出过努力。因为在家里的规矩是，如果开始做某件事，就要坚持一整年，她也是这么做的，不过带着强烈的抗拒心，目的只是为了在那之后能立刻转做别的。网球明显很适合她，她是一个很强的网球手，乐意打球，也常常去网球俱乐部，并在那里刻苦地坚持训练。当时她被选为最佳少年球员之一，并且赢得了很多比赛。显然她很喜欢网球，她不遗余力地练习，想要打得越来越好。但令她极为悲伤的是，突然的伤病斩断了这一前途光明的未来。

我的成功我定义

在天赋人群模型中，尤里安属于独立型。属于这种类型的隐形天赋者，只有当意识到表现的重要性时，才会好好表现。尽管他们明显更喜欢在自己感兴趣的领域中做出表现，但这不一定是做出表现的必要条件。换句话说，独立型隐形天赋人群付出的努力是具有针对性的，这意味着他们会仔细分析这种表现是否有助于实现目标。如果他们觉得这种表现没有意义，那么他们将不会或很少付出努力，也往往不会取得什么成就。

大多数情况下，父母、老师和周围人群完全不知道该怎么跟这类人相处。独立型隐形天赋人群只遵循自己的道路，设定自己的目标。他们自己决定什么是有意义的。如果有一项10分的小作业是一项大作业的一小部分，并且最终在成绩单上也只会显示大作业的总成绩，独立型就会基于"这有意义吗？"这一问题做出仔细的分析。如果他们觉得这个小作业需要花费很大的力气，而且很没意思，那么他们将进一步分析。对于一项在100分中只占10分的小作业，他们可能不会很认真地完成。他们的理由很明确：就算不做这项作业，得了0分，还有另外90分能拿呢。对于这90分，他们也会根据重要性和个人兴趣有针对性地完成。如果独立型设定的目标是最终分数达到及格，他们就一定会实现这个目标，只不过是用自己的方式。父母、老师和领导有时候会感到有些失望，觉得这难以置信。

独立型隐形天赋人群，也经常在人们对他没有什么期待的情况下，取得成就。比如说，他们能在毕业后完美地创业——就像尤里安那样，他们也能细致入微地组织一次校园庆典，或者其他类似的事情。动力十足，兴趣高涨，只要独立型隐形天赋人群感受到了所为之事的价值所在，（非凡的）表现就会"一下子"变为现实。

很明显，尤里安就是这种独立型的姑娘。这种在（是否）表现自己之前先精打细算其必要性的模式，贯穿了她整个学生时代。同时，她也权衡着哪件事最有意义、最有趣。在她眼中，打两个小时网球，比毫无意义地念两个小时书好得多。在考试中拿5分还是7分，说实话，对尤里安而言没什么区别。两种情况都意味着"考试通过"，所以她选择多花时间打网球，而不是念书。在网球上，她付出再多的努力都没关系，然而对学习却不同。这跟她开公司的道理是一样的。从小她就梦想着创立自己的公司，因为身体原因不能再打网球之后，她也真的这么做了。她的行动很有针对性，没有浪费很多时间。由于喜欢大自然，她得以在一家著名的园林建设公司上班。她想尽快学习和了解她的工作的方方面面。正因如此，她17岁就创立了自己的公司，并在课余时间料理庭园。她的课余时间很充足，因为她在学校只付出了最少的努力。因此，她能够进一步学习和体会如何与植物和庭园打交道，并把它们变成美丽的整体。很明显她找到了激情所在，于是之后选择学习风景园林设计专业。还在大学期间，她就已经雇佣了两名员工。毕业之后，公司的营业额每年都翻一番，同时她公司的员工数量也平稳增加。

如果跟尤里安的老师交谈，他们往往对她选择的道路感到惊讶。在学校，她确实一直被视为一个聪明的姑娘，但是同时老师也认为她又懒又叛逆。他们经常表示无法和她真正相处。尤里安的父母也经常接到学校打来的电话，说尤里安又惹了什么事儿。她上课扰乱课堂秩序，多次不交作业，无视老师让家长在成绩单上签字的要求。如果老师在黑板上写错了什么东西，她就会变得很烦躁，一定要指出老师的错误，不管是口头还是用其他方式。一旦别人敦促她学习，她就一定要反着来。换句话说：谁都管不了她。

阻力最小的道路

尤里安的例子阐释了许多独立型隐形天赋者都面临的一种障碍，即"阻力"。在很小的时候，尤里安就觉得，跟大多数人相比，她有着不同的处事方法和思维模式。无论她怎么试图说清楚，别人都不理解。作为一个还在上学的小姑娘，人们期待她按要求做事，如果她用自己的、有时有点"不一样"的方式做事，往往不会受到欢迎。这些独立型的隐形天赋人群经常受到指责，被冷嘲热讽。

如果尤里安的成绩单上有两门不及格，当她试着让父母相信，自己下次这两门课肯定会及格时，她不会得到理解和信任。

父母试图强迫她去学习，并以减少打球时间惩罚她。由于父母的这种态度，尤里安变得很愤怒，经常和他们吵架、大喊大叫、摔东西。尤里安的打球时间被迫减少，这让她下次的成绩单完美无缺。她的父母觉得自己的策略非常成功，而尤里安却感到没有被理解，非常生气。内心深处，她觉得父母不相信她能够自己解决问题。他们夺走了她人生中最重要的快乐——打网球。在那之后，她向父母宣战："我要向你们证明，我能用我自己的方式解决问题！"

当她因为受伤，不得不放弃打网球之后，父母就再也不能束缚她了。她创立了自己的公司，这让她的父母感到愤怒和绝望——他们明确表示了反对。有那么一阵子，情况变得太糟，以致他们甚至担心自己的女儿可能拿不到任何文凭了。她被送到了寄宿学校，家里又平静了下来，但是尤里安仍继续经营着她的公司，即便是远程经营；她不会就此罢休的。拿到文凭以后，她立刻离开父母独自生活。现在，很多年过去了，她再次与父母取得了联络，但交流的内容依旧非常表面。她觉得父母仍然不能相信她的事业，所以她就跟他们保持距离。

整个童年，尤里安不断受到来自父母和老师的阻力。造成这些阻力的唯一原因是，她是一个独立型隐形天赋人才，她只会在自己觉得有意义的地方表现自己。如果意义与兴趣同存，她的表现还会明显地提升。

独立型隐形天赋人才经常遇见的第二种障碍，就是他们并非一直都具有足够的工具以取得成就。这里，我们谈到的障碍是"空的工具箱"。这也不是什么令人惊讶的事儿。如果你已经具有智力天赋，随便听一听就能掌握全部知识，并且也满足于只拿一个7分或者6分，那么你很可能不会开发出自己的工具。然而某一天，你会需要用到这些工具，比如用高效的学习方法让成果达标。如果缺少这些工具，这些独立型隐形天赋人才就会在某一刻失算……

天赋+工具=成功

当然，独立型的特点也会影响到成人阶段，尤里安显然并没有受到空工具箱的困扰。当你注意到她扩大公司、收入加倍、选拔员工的进程有多顺利，就清楚她很明确地知道自己在做什么。她能够建立流程和结构，显然拥有发展公司和取得成功的必要工具。而菲利普这边就是另一种情况了。

菲利普的学习生涯与尤里安相似，他从小就对摄影有浓厚的兴趣，很小的时候就能拍出漂亮的照片。但当学习内容变难后，他就没有合适的工具来帮他顺利毕业。他高中最后一年留级过一次，最终能获得文凭已经让他倍感欣慰和喜悦了，根本没有继续学业的勇气。他周游世界，寻找着那张绝美的照片。回家后，他轻松成为了一名平面设计师。他的创作很美，但他的老板对他有时太前卫的想法不是很满意。菲利普感觉到自己对工作的兴趣逐渐变淡，辞职后他顺利找到另外一份工作，为一本著名的时尚杂志拍摄照片。他很受赏识，但不久他就厌倦了持续地旅行和时尚摄影师不规律的工作时间。菲利普还是一位才华横溢的插画师，他决定专注于为医学等书籍绘制解剖图。他不失毫厘、细致入微的工作方式，使他名声渐起，并一步步从时尚摄影工作者，转行成为自由职业者，接任务绘制解剖图。他得到越来越多的委托，它们都带着相应的截止日期，这意味着他必须制订严格的时间表，保证每个任务从开始到结束都顺利进行，并交付给客户。为此他所需要的工具，不止是能画好解剖图了。到目前为止，即使没有文凭，菲利普也能够几乎不费吹灰之力地在不同的工作领域开拓道路，但是工具箱空空如也的障碍又回来折磨他了。即便他能够专注于自己觉得有意义和有趣的事物，不幸的是，由于工具箱是空的，他不能按时交付订单，导致许多客户心生不满。他厌倦了不断的抱怨，又开始寻找新的挑战。

坚持下去的韧性

当一个独立型的隐形天赋人才没有遇到障碍时，通常会显得很自信。他几乎没有压力，可以很好地应对挫折。但当他遇到障碍时，就有可能失去平衡并想放弃，感到不安或想要单飞。尤里安的例子很好地证明了这一点，在高中时代，所有人都期待她取得更好的成绩，即便这违背了她的个性。这对她产生了巨大的阻力，导致她很可能失去平衡。幸运的是，她能够自己调整过来，最后一切顺利。而在这方面，菲利普的故事的结局就没有那么积极了，他决定辞去解剖图画师的工作，这意味着他依然没能开发出新工具，从而不能突破这一障碍。这样下去，他很可能在从事下一份工作时遇到类似的情况。

在日常实践中，我们经常看到独立型孩子的父母在育儿过程中很难轻松。如果父母中的一方（或双方）是表现型，那就更困难了，因为在表现方面，这两种类型的人是针锋相对的。表现型的家长会试图逼迫他们的孩子表现得更好，但这对于独立型的孩子，只会产生相反效果。由此导致的反复争吵不会产生任何结果，争斗伤感情，并永远不能提供解决方案。更好的方法，是去倾听、激发独立型孩子的热情，并在必要时提供支持。在实践中，我们看到许多父母初衷是好的，却以第一种方式（强迫、对抗、争吵……）对待孩子。幸运的是，我们同样看到了许多使用第二种方式（倾听、激励、支持……）的家长。在第一种情况下，孩子会感到被误解，做事被阻碍；而在第二种情况下，孩子则感觉自己能征服一切，一直充满热情地追求目标。

非独立型：期待即阻力

伯特（45岁）是个卡车司机，深受老板喜爱。他们沟通顺畅，伯特感觉他们之间存在着无言的信任，他觉得老板非常欣赏他的能力。在很多工作领域里试水后，伯特在三年前开始为这家公司工作。他之前当过仓库工人、包裹快递员、救援人员和园丁。

伯特的祖父是地勤人员，小时候，祖父开卡车时经常带着他。伯特为了帮助他，在20岁时考取了卡车司机的驾驶执照，但由于祖父突然过世，他从未真正使用过这张驾照。伯特其实纯粹是出于偶然干现在这份工作。他当时失业了，多亏了一个朋友的介绍，他才能立即开始工作。这个工作机会给了伯特很大的压力，他怀疑自己是否能胜任这个职位，因为他已经很久没开过卡车了。

出于赚钱养家的巨大压力，伯特尽管顾虑重重，但还是开始了工作。他每天必须清晨上路，为私营业者和公司运送各种各样的产品，从管道、洗衣机到集装箱。起初，他收到的任务很简单，但随着时间的流逝，伯特突然注意到派送的难度大大增加了。他运送管道的目的地，是一些我们难以想象要如何送达的地方。因此，他完成这类工作时必须非常有创造力。为了把订单送到客户想要的位置，他甚至时常需要在目的地设计一个滑轮系统。对卡车而言回旋余地很小的目的地，在他的行程上屡屡出现。同时，伯特意识到自己是唯一一个可以完成这些复杂任务的人，他对此也很欣喜，非常愿意接受任务。如果遇到解决不了的情况（这种情况很少甚至永远不会发生），那么他的老板会很乐意协助他成功交付产品。

伯特在学校是个顽皮的孩子，他对一切都不怎么感兴趣，对成绩就更不在乎了。他绝对不想被视为书呆子，表现良好让他起鸡皮疙瘩。18岁那年他就放下学业，开始工作。如今也是这样，只要不冒尖，伯特就觉得舒服。

他体育一直很好，很小的时候就从事田径运动，还是一名灵活的体操运动员。当有人邀请他参加体操选拔时，他谢绝了。非要那么做，他可能不得不改去另一个俱乐部，失去一群他信任的朋友；他确实喜欢体操，但生活不仅仅是体操。他的理由一贯如此。现在他仍然喜欢运动，在街角的俱乐部里，他这名老将仍然和以前一样做着田径运动。

信任与安全

作为隐形天赋者，伯特在天赋人群模型中符合我们所说的非独立型，其特征在于他对自我表现有完全不同的处理方式。非独立型绝对不想背负他人的期望。如果他取得了（卓越的）成就，非独立型会很担心，这将自动导致别人对他下一次的表现抱以期望。这种特征同样会导致他试图避免这种情况的发生。非独立型不想承受压力，会在不必要或无人期待的情况下表现自己。他也宁愿自己选择表现的领域。比如说，我们看到伯特在复杂的运输任务里异常出色。没有人强迫他，他自愿承担了高难度的任务并专注于此。他的老板自然很开心，顾客们也很满意，这些当然也会进一步激励他。

伯特是典型的极度依赖所处环境的隐形天赋人才。一位善解人意的老师可以提供安全感和信任感，这有助于他们表现得更好。如果非独立型人才感到威胁、不安或不被理解，就不会做出任何表现。以伯特为例，我们看到他显然感受到了老板的信任，所以他全身心投入工作。他的老板可以信任他，而伯特也可以为老板赴汤蹈火。

非独立型在自己选择的领域寻找成就感。音乐就是一个很好的例子。即便如此，非独立型宁愿自学，也不愿由钢琴老师教导，因为老师会对他们抱有期望，并要求他们有所表现。伯特就在出人意料的方面做出了成绩。几次谈话后，他很随意地告诉我们，他创造过一项吉尼斯世界纪录……谁能想到呢？

无压力

非独立型也正是不能承担任何压力的类型。如果老师和父母对他们寄予很高的期望，并明确表示期待着他们的表现，（好）成绩很重要，这对非独立型来说就是所谓的致命打击。他们会因此感到很不安，压力很大并停止进步。诸如"他的能力足可以取得好成绩吧？"之类友善的话，带给他们过多的期待，这会导致情况失控。取得成就似乎是必要的，而非独立型则尽力避免这种情况的出现。他们的潜力也无法通过这种方式发展。

这同样适用于伯特。如果他的老板一开始就告诉他，服务的时间越长，运送任务就越复杂，那么伯特可能早就辞职了。他会感到极大的压力，觉得自己必须越做越好，这会让他感到紧张和不安。非独立型很难在学校或工作环境中适应这种善意的方式。

相信自己能行

在非独立型隐形天赋人群中,"对失败的恐惧"是最常见的障碍。如何应对非独立型的失败经历至关重要。他们本身其实根本不相信自己可以取得良好的成绩,这种感觉使他们很快陷入恶性循环——压力占据上风,很难做出表现。如果非独立型觉得自己会失败,他们需要外界大量的理解来解决这个问题,这恰恰是因为他们通常不太信任自己的能力。因此,一个充满信任、不必背负期望的环境,是必不可少的。在这种完全安全的情况下,人们可以和非独立型一起检查出了什么问题,以及下一次如何用不同的方式加大成功的概率。

不幸的是,非独立型常常受到指责,因为周边的人也沮丧于他们还做得不够好,而这只会增加他们对失败的恐惧。做过各种截然不同的工作的经历,并没有让伯特觉得自己能胜任很多事情。缺乏高等教育的文凭对他不利,也使他非常没有安全感。现在他的老板不施加压力,不表达期望,并给予他空间来自发地完善自己,这使伯特迅速成长。他可以享受工作,感到比以往任何时候都更快乐。他逐渐相信自己确实可以做点什么。

舒适区真的好舒适

非独立型经常遇到的另一种障碍是难以离开舒适区。因为非独立型不想背负人们的下一个期望，所以离开舒适区几乎是不可能的。突破界限会带来一定的期望，而这些期望反过来会给他们施加压力，这正是非独立型极力逃避的。这并不意味着非独立型永远不会离开他们的舒适区，而是如果想要他们离开，你必须首先满足他们所需的所有条件。如前文所述，这些条件是：一个安全的环境、信任、没有压力以及自己决定在何处展示自我。

卡罗（29岁）从小就想成为一名医生，但由于成绩并不理想，她很快就隐藏了这个梦想。周围的人对她一系列的失败经历并不满意，也不理解。卡罗目前是一家大型医疗集团的秘书，她非常喜欢她的工作，并且与患者保持着良好的关系，但是她暗中嫉妒她为之工作的医生和护士。她对参加会诊的患者的情况非常感兴趣，闲暇时会查找病因。出于对医学的热情，她还尝试自己进行诊断，然后看看它们是否与医生的建议相符。有时同事们会惊讶于她在午休时发表的见解，他们期待着她忙于各类行政事务，而不是密切关注治疗病痛的国际新发现。当她看到医生惊讶的目光时，会立刻试图改变话题。而当自己的猜测得到证实后，她会很开心，并因此扩展自行建立的医学知识。她就是这样主动离开自己的舒适区，并同时保持低调。

最后需要注意的是，并没有哪种类型比其他类型更容易成功或快乐。每种类型的个性都截然不同。例如，表现型需要优秀的表现才能感觉良好。独立型只有意识到表现的意义或感兴趣时才会愿意做出表现。非独立型则并不希望背负他人的期望。如果这些个性能得到重视并获得正确引导，那么每个隐形天赋者都可以发挥自己的才能。显然，隐形天赋是多面的，这也正是我们研究的乐趣所在。

第五章

障碍训练是成功的前提

学习如何对潜能进行最佳利用的下一步，是障碍训练。早在本书的开头部分，我们已能清楚看到，天赋是一种强大的才能。然而，仅仅拥有它还不够。你需要花费大量时间和精力，使天赋发挥最大作用。

首先，我们知道，对隐形天赋人群来说，受到挑战和鼓舞很重要。其次，跟其他发展相当、年纪相仿的伙伴沟通也很重要。而第三个要点是，你还要意识到无形困难和障碍的存在，并及时应对。

当然，障碍不仅出现在隐形天赋人群身上，每个人都会或多或少地受到障碍的困扰，隐形天赋人群障碍的特殊性在于，它们不被发现的时间一般会更长。很多智力型人才的表现往往都高于整体平均水平，所以哪有什么问题呢？而当障碍对隐形天赋人群造成困扰时——比如说他们不能再好好表现，或者幸福感降低时——隐形天赋人群早已找到了很多借口来绕开障碍。此外，如果一个隐形天赋者发现他付出的努力与取得的结果并不成正比，他很快就会变得沮丧。在隐形天赋人群领域中，这经常是一种奇怪的现象，因为人们总是觉得隐形天赋人群（一定）会把事情做得又快又好又有新意。

在上一章中我们看到：隐形天赋人群处理障碍的方式取决于隐形天赋人群自身的类型，以及他们想取得什么样的成就。

我们由此引入障碍训练。它包含很多种不同的方法，有些是众所周知的经典方法：比如心态调整、压力管理、呼吸练习、情绪控制，等等。其他方法更加具体，例如心理辅导、注意力转移、以领域为导向的反馈形式和榜样设立。多年来，我们在面对隐形天赋人群的工作中，逐渐开发出了这些方法，我们在工作中每天都会用到它们，并尽可能调整它们，从而更好地适应隐形天赋人群的需求。在这里对所有这些方法展开讨论，势必会偏离重点，但是我们一定会将这一章节的内容建立在真实的客户经历上，呈现给你。

我们再三强调，作为隐形天赋者，意识到障碍的存在，并且学会如何识别出它们，是非常重要的。在接下来的个人案例中，你能或多或少感到一些熟悉之处。这还只是第一步，接下来，就要真的开始着手去做了。对大部分隐形天赋人群来说，意识到障碍的存在已经是一个强劲的开端，之后，他们就会通过自我调整和练习，一步步地突破这些障碍。而对另外一部分人来说，他们的障碍更加根深蒂固。他们无法凭借一己之力，突破这种障碍，因此需要有一个私人教练来帮助他们。

在这一章里，我们尤其想强调：发掘潜能不能只靠运气，一定要为此有意识地采取行动。而人们在才能发展中却经常忽略障碍往往在无形中产生影响。这也就是为什么我们一直强调障碍训练的重要性,以及告诉人们通往成功之路的机遇一般出现于何时。

我们举的很多例子都和校园生活有关。许多父母都担心他们的隐形天赋子女无法成功拿到毕业证。在这种恐惧下,父母出于好意采取各种方式来帮助孩子,但由于障碍的存在以及孩子的性格类型,父母的介入起到了相反的效果。

学习很重要,它可以为成年人的才能发展奠定基础。每位家长都希望能帮助子女成长为有能力的人,以便于他们日后在劳动力市场上选择他们想做的工作。为此,孩子们不仅要得到、更要学着把握好机会,正如我们下面要讲的例子。

莉莉(47岁)在她18岁那年开始学习法律。她一直梦想着成为一名律师,她擅长辩论,动力十足,乐于助人,进入律师这个行业对她来说简直如鱼得水。在此之前,莉莉还一直是个出类拔萃的学生,并以优异的成绩毕业,而她成功的人生轨迹却在大一时发生了巨大的转变。她不知道自己应该如何处理事情,感觉被一大堆事情压倒,无法找到合适的学习方法。最终,她转去学会计专业了。在那里,她又成了一名尖子生。她以优异的表现拿到了毕业证,在一家大型跨国公司做会计。

我们在莉莉为她儿子寻求建议时认识了她。当我们阐述对她儿子的评估和看法时,她忽然哭了出来。她从中看到了自己的影子,并向我们讲述了她自己的故事。她承认,这些存在于儿子身上的障碍,她身上也有,并且,她已经与这些障碍斗争了一辈子。她恍然大悟,突然看透了自己的一生。在职业生涯中,她总是获得机遇和升职机会,但是她最终都拒绝了,因为她觉得自己会应付不过来,之后深有挫败感。莉莉只能看着那些提供给她的职位最终被让给了同事,而且在她的眼里,那些同事的工作能力并不强。接下来,她又会觉得公司在选人问题上做出了错误的决定。除此之外,当她发现经理对那些挑选出来的同事感到非常满意的时候,她越发感到震惊。

"以自我为标准"的障碍的确会使自己做出错误的预估,并最终导致失落感。对莉莉来说,这种感觉更加严重。尽管她在工作上的表现无疑让每个人都很满意,然而她的热情却早已熄灭,她再也无法发现或看到任何挑战。为了避免感到无聊,她时不时地在公司内部更换职位,但从来都不会迈向更高级别的岗位,她感到抑郁,或者过度疲劳——她很难确切地形容这种感觉,但已深陷这种状态。到今天为止,她一直默默承受着这一切所带来的影响。在内心深处,她其实很愿意接受升职的邀请,但是她总是感觉自己不够优秀,不敢离开自己的舒适区,这些想法阻挡着她继续前进。没人意识到这一切都在阻碍着她潜能的发展。别人对她说的话都是片面的赞扬,夸她是一个非常优秀和宝贵的员工,正如她多年前在学校一样,一直被当作班级中最优秀的学生。而在心里,她一天天变得更加死气沉沉……

莉莉的情况清楚地说明了,如果不及时处理障碍,会造成长期的巨大影响,并在成年阶段造成严重的后果。莉莉在工作时远不能利用自己所有的实力,这使得她在工作中并不愉快,为了感到满足,她经常更换工作岗位。即使她每次都取得了出色的成果,几乎要被新的领导夸上了天,她仍然频繁地感到乏味,以及深深的失落与不满。如果用体育界的例子来打比方的话——小时候,莉莉训练时受了伤,但是因为没有人注意到,所以对伤口没有进行任何处理。现在,莉莉每天都要忍受伤口的痛苦。

娜塔莉(21岁)的中学生活很不容易。对她来说,学习从来不是最重要的,她始终相信,取得5分(满分10分)就已经足够了[18]。取得更好的成绩意味着她要花更多的时间在学习上,然而她更愿意用这些时间打排球,并尽可能多地去参加青少年活动。娜塔莉经常被警告她学习成绩会下降,她这是在冒风险。她得多花些时间读书,在课上多用心听讲。她常常注意力不集

---

[18] 译者注:满分10分,5分为及格。

中，很多老师都把她当作课堂上的捣乱份子。

对娜塔莉来说，沟通就是一个障碍。在她的眼里，那些经常唠叨她的老师都很烦人。如果有哪位老师犯了错，娜塔莉就会毫不犹豫地告诉这位老师，他显然没有真正投入到课堂中。

除了"沟通"障碍之外，娜塔莉还面临"抵抗"和"空的工具箱"的障碍。因为她并没有付出最大的努力，只是满足于刚刚及格的成绩。她没有挑战自己去更加全面、彻底地学习。她的学习方法并不可取，但是幸亏她记忆力强，所以每次仍然能够勉强过关。

5年后，娜塔莉上了大学。她同时选择了两个专业，此外她还每周打好几个小时排球。存在的障碍还没有完全消失，但是它们已经变得非常微小，不足以阻碍娜塔莉对潜能的利用。她计划着自己的未来，勾画着眼前的道路，做那些她想做的、乐在其中的事情。

娜塔莉属于独立自主型，莉莉却明显是表现型的。此外，我们也清楚地看到了她们在潜能利用方面的不同。莉莉在前不久才刚刚意识到，在她身上存在着障碍；而娜塔莉却很早就认识到了，可以通过训练克服障碍，并着眼于此，付出努力，最终颇有成效。

对于这些挣扎于障碍的隐形天赋人群，我们无法承诺他们之后一定能够摆脱障碍，过上幸福的生活。障碍训练不是魔法。但事实上，你的确能够从多个方面去进行障碍训练，从而让障碍大幅减弱，甚至完全消失。换句话说：多亏了这种训练，障碍不会继续阻碍你对潜力的挖掘。

与此同时，你可能很好奇，想知道具体该如何进行障碍训练？你要从哪里开始？什么时候开始？只有在受伤之后才能亡羊补牢吗？还是也可以提前采取预防措施？答案其实很简单：障碍训练随时随地都可以进行，但最好还是从小就开始，如果能从幼儿时期就开始的话，是最好不过了。然而，训练只靠自己是不够的，你需要有一名具备相关知识的人，帮你看清障碍。

主动训练

现在你已经明白了，障碍以不为人所知的方式发展着，这也导致它们经常并不明显（一个隐形天赋者也会下意识地掩盖它们）。此外，不只是你自己，你周围的人也经常无法发现这些障碍，这使得人们很难找到有针对性的应对方式。

当然，首先以及最重要的前提就是你真的想进行障碍训练。只有这样，你才会有一个发自内心的动力，从而取得成果。第二步，你需要有意识地让障碍浮现出来，即让自己意识到它们的存在。我们的经验表明，你最好在从事兴趣爱好或追求目标时进行这一步。这么做的好处是，在哪个领域进行障碍训练对你来说其实并不重要，只要你对该领域感兴趣，并且希望在这个领域中还能有所发展，想在其中学会如何挖掘潜能就足够了。除非你的症状特别严重，一般情况下这种兴趣点还是很好找的。作为隐形天赋儿童的父母，你觉得你的孩子找不到兴趣点，就仔细地检查一下你寻找的领域。也许你一直在你希望孩子今后可能会有所表现的领域里寻找，而不是在他自己想有所表现的领域。可能你作为父母，太关注学校的氛围，把重点都放在了分数和成绩单上，而你的孩子却恰好对这些并不感兴趣，没有什么动力。那么，不惜一切代价把重点放在这个领域就毫无意义。一个成功的障碍训练，开始于真正的个人兴趣点。长期训练的好处是，它无论如何都会产生一种情境的转换。一旦你的孩子重新燃起了兴趣和良好的意愿，这种转换就会作用在学习层面。

比如说，如果你的孩子很容易产生抵抗心理，经常被自己的沟通方式所困扰，你就可以让他在他感兴趣的领域进行练习，比如体育、音乐，他开始展露出来的艺术能力或者在学校喜欢的一个科目，等等。也正是在这些领域中，你的孩子最愿意采取行动，付出努力，应对障碍。这样，跨越障碍会更容易，训练也会轻松许多。在这个领域的训练一旦成功，你可能就会注意到，你的孩子在其他领域中遇到的麻烦也随之变少。因为他可能把转变了的沟通方式也用在了其他地方，所以这里发生了从一个领域向另外一个领域的转变。一旦这个障碍变小了，甚至完全消失了，你的孩子就能更好地发掘他的全部潜能，这也意味着他能够更好地、也更频繁地做好准备抓住机遇。对成年人来说也一样：如果你想处理这些障碍，取得成就或者做你想做的事，就去找那些你最感兴趣和最有动力、却在完成时会受到障碍困扰的事。

斯莱斯特（42岁）获得了博士学位，并为一家大型化工企业工作。这家公司内部有很多升职机会。很长一段时间以来，斯莱斯特感觉到自己没有充分挖掘自己的潜能。她很想挖掘，但是不太清楚该怎么做。现在，她处在管理阶层，同时也做实质性的工作，负责推进一种新型化学合成物的研发。这种合成物经常应用在建筑行业。斯莱斯特工作勤奋认真，并为此牺牲了很多私人以及陪伴家人的时间。她解释称，她的同事们的确都不错，但是她常常对他们交付的工作不满意。于是，她经常站出来，把很多工作揽到自己这里，使最终的结果达到她的预期。在项目开始的时候，她的员工经常感到不满。他们觉得斯莱斯特把项目看得太宏大了，她的目标无法在有限的时间内实现。在经过协调和解释后，他们虽然也都能做到，但是斯莱斯特还是常常会对结果感到不满。她一直想在公司里换一个工作岗位，非常想升职，但每一个空缺的职位，最终又都由于这样或那样的原因，没能成为她的机会。

我们对斯莱斯特目前的工作状况进行了分析。之后与她的一次谈话中，我们能很明显地看出，她多年来已经形成了许多障碍。她将自己视为标杆，并因此期望她的同事拥有与她同样高水平的工作表现。凭借在该领域多年的经验、全面透彻的教育、对内容的浓厚兴趣以及对工作的执着追求，她成了一名无论是工作内容上还是任务策略上都能胜任的员工。想找到与她能力相当的员工很难。但是她自己根本没有意识到这一点。她一旦想达到自己所期望的水平，就会不惜一切努力，换句话说，她经常遭受"完美主义"障碍的困扰。斯莱斯特也很少离开她的舒适区，一旦我们暗示她往舒适区外走，就会收到她数不胜数的反对理由。我们还了解到，斯莱斯特会拉小提琴，在这方面她也经历着同样的障碍，于是无论她多么想上台表演，她都会很害怕。她还很少，甚至从不对自己的表演质量感到满意，并且经常练习到深夜，以达到所有的细节都完美的程度。在这方面，她也很难离开舒适区。有一次，斯莱斯特随口说她最近有个机会，可以临时加入一个著名乐团，但她紧接着就开始论证,以证明她拒绝加入是合理的。我们问了三个问题后,斯莱斯特承认她实际上是放弃了一个儿时的梦想。

很明显,无论是工作还是音乐方面,斯莱斯特在生活中有很多机会去克服障碍。在第一个阶段,我们要确保斯莱斯特对其障碍的意识不断增强:哪些情况下会出现哪些障碍?这确实是一个很耗时的过程。因为斯莱斯特尽全力想说服我们,她没有把标准设得太高,她所期望的结果是非常现实的,她真的不需要花费太多时间来达到预期成果,等等。她一直在用一系列具体的理由反驳我们,试图说明自己并没有一直在舒适区内工作。经过多次单独谈话后,斯莱斯特终于看清了自己的障碍。这些障碍能无影无形、不知不觉地影响她,这让她很惊讶。此外她还看到了,自己强大的辩论和分析能力如何维持着这种影响的存在。

对我们来说,每一次密切关注这种过程都会让我们感到惊讶。当一个有隐形天赋的成年人意识到自己有哪些障碍时,他真的马上能够审视自我,彻底修改他的分析。我们一次又一次观察到他们的蜕变,他们思考模式的转换。人们一旦换了一副眼镜看问题,就随时准备着尽其所能克服自己的障碍。斯莱斯特在通过拉小提琴克服障碍上展现出了极大的动力,所以她就从这里起步了。

珍视机遇

为了能够克服这些障碍,你必须去创造并抓住机会。机会有很多种,如果密切观察,你就能发现机会每天都会出现。选择了正确的机会,那么成功的概率就很大,机会越大,成功概率就越大,我们希望用一些例子进一步说明这一点。

在向更高发展层面过渡的阶段,常常会出现可用来进行障碍训练的绝佳机会。这对儿童、年轻人和成年人都适用。例如,从初等教育到中等教育的过渡,从中等教育到大学的过渡等。对于成年人来说,这可能是从学生生活到工作领域的过渡,或者是一次升职,一次在公司内部的职位改变或一次工作场所的转变。在兴趣爱好层面也会发生这种向更高发展层面的过渡,例如在体育方面或音乐方面,你会升入更高年龄组、更高的级别,或转去另一个俱乐部等。根据我们的经验,这样的过渡阶段通常存在双面性,这可以提高克服障碍的成功概率。

一方面,我们看到了在更高层面开始发展的巨大动力。正如之前所提到的,这是成功的主要条件,因为动力越大,成功的概率就越大。另一方面,在向更高发展层面过渡时,隐形天赋人群很有可能会面对其障碍的强烈阻拦。隐形天赋人群常在此时放弃,这并非偶然。他们"想要"放弃,不再追求梦想,也就避免了面对自己的障碍。

如此与自己的弱点对峙当然是很痛苦的，所以这种反应也可以理解。然而，你的反应本该是截然相反的……当你要面对自己的障碍时，其实应该欢呼雀跃，因为此时，正是你可以对症下药、做出改变的时刻。无论有多么痛苦，原则上，直面障碍都是好的：这意味着你有机会克服障碍、向前发展并进一步学习如何利用自己的潜能。正因为这种双面性，即一方面拥有巨大的动力，另一方面要面对障碍，向下一个发展层面的过渡永远是一个理想的克服障碍的机会。

华特（17岁）是他所在的省最出色、最有前途的篮球运动员之一。一次，他得到一个参加男篮比赛的机会。对于华特来说，这是他第一次经历较高水平的男篮比赛。在华特最开始的一场比赛中，他新加入的这支球队要面对一个厉害的对手，比赛陷入僵局。当华特不用再在场边坐着，被允许上场比赛时，他立即就得分了，但是紧接着就传球失误。时间才过了一分半钟，教练就决定让华特回到场下，下半场比赛的情况也大致相同。总而言之，华特仅仅上场了3分钟。他深感失望，非常生气。和团队中其他球员相比，他表现得非常出色，为什么会被换下场呢？他愤怒地说，自己再也不想和男篮队一起比赛了。然而，教练在比赛两周前就已经向他明确表示，他觉得华特是一名很有天赋的球员，潜力巨大，并且有光明的篮球前景……

华特很有天赋，但他同时明显面临着许多障碍。他把自己视为标杆，不知如何对待错误，难以离开自己的舒适区，他没有意识到达成目标是要花些时间的，他的情绪过于强烈并且容易发生反抗。让我们来做进一步的分析……

团队中经验更丰富的球员先前确实已经证明了，自己可以取得不错的成果。教练对这些球员极具信心是正常的。华特自然还无法享有教练同样的信任。他有些不错的表现，甚至得了分，但当事情进展得不太顺利时，他就失去了把握，反应减缓，这也是可以理解的。当你进入更高级别的球队，是需要花时间适应的。华特的教练看到了他巨大的潜力，但也很清楚，华特还无法在此级别上有着同样出色的表现。因此，在这种困难的比赛中，他启用经验更丰富的球员也是正常的。当然，他本可以给华特更多的上场时间，但是在这种情况下做出决定，对教练来说也不容易。

但是在这一关键时刻，华特需要额外的信任。当教练把他拉到场边时，华特认为这是对他不信任的表现。因此很不幸的，教练的干预反而强化了华特的障碍。因为他不久之前才对华特表明他的潜力巨大，后者无法理解他前后言行的不一。从内心深处，华特也不再相信他了。正因为华特对自己期望很高，认为自己必须且能够马上应对高级球赛，但现在他深感失望，不仅对他的新教练失望，更是对自己失望。后果是什么呢？他马上就要放弃了。

作为父母，你在这种情况下只能"在场外旁观"，但回到家，你就必须想办法应对一个失望并愤怒的儿子。大多数父母会非常体谅华特的反应，他的失望是有道理的，但是教练的做法也是可以理解的。

事情发生后不久，华特的情绪平静了下来，于是我们和他一起做了分析。华特能够深入了解自己的障碍是很重要的，这便于他接受现实，允许自己成长。我们调查了他反应减缓的原因，并审视了他对自己在场上表现的期望。华特设定的标准非常高，因为他希望自己能马上做出和在青年球队里的球员同样的表现。一旦他感受到失败，或者得到支持者或教练有点负面的评价，他就会反应减缓，停滞不前。

华特慢慢意识到，他的确很少给自己成长的时间，并且存在抵触情绪。他表示，自己除了练习篮球技巧外，还想克服障碍，因为他意识到，这些障碍阻挡着他发挥自己的潜力。

几周后，男子篮球队又要打一场重要比赛。人们的期望值很高，教练从一支素质更高的球队里调来了两名球员。然而，比赛再次以失望告终：华特整场比赛都坐在场边，即使之前在许多比赛中，他在球队里的表现都很出色，因此他再次感到失望。但是，华特显示出与以前完全不同的心态，他没有丝毫的愤怒，并表示要在接下来的数十天里努力训练，证明自己的价值。反应缓慢的问题也消失了，华特期待在不久的将来，他不会再在比赛中忽然反应减缓以至于当场石化，但他自己也表示，这需要一些时间来实现。

如果你想让某人意识到他们的障碍，华特是一个很典型的例子，可以用来说明你应该如何立即抓住正确的机会。这样的机会不仅发生在年轻人身边。

卡米尔（38岁）的童年生活很艰难。尽管他14岁时的智商测试得分为147，未来看似前途无量，他仍然没能获得学位。到现在为止，卡米尔在同一家公司已经工作7年了。作为一名技术员，他为大型演出组建并安装照明技术设备、舞台和布景。目前，他主要在比利时和荷兰工作，但他的公司在全球范围内都有业务。卡米尔的主管联系了我们，鉴于卡米尔有许多"难以应对的方面"，询问卡米尔未来在公司内的职业生涯应该如何规划。他口中的卡米尔是一个非常有价值的员工，颇受赏识，实际上，他是公司不可或缺的一员。大型演出的搭建很复杂，工期非常紧张，通常有很复杂的技术问题。卡米尔很厉害，始终能够提供新颖的解决方案，并确保一切顺利进行。但是，他的同事们仍然常和他发生摩擦，此外，他本身也不接受指挥。一旦他们要求卡米尔做一件他以前从未做过的事情，他的答案永远是"不"，即使所有人都知道这件事对卡米尔来说不过是小菜一碟。他还总是吹毛求疵，会花好几个小时抱怨各种琐事、错误和低效。卡米尔还常常冲到老板那里，后者就会被他极端的情绪所淹没。卡米尔不能容忍别人"如此轻率地处理材料"，当老板要提出某种解决方案时，他就表现出强烈的抵抗。目前有一个好机会出现了，由于公司最近要在瑞典收购别的公司，他的老板希望卡米尔去那里工作两年，从技术上确保收购顺利进行，并监管演出的质量。他只是不知道，怎样向卡米尔提这件事才是最好的，因为卡米尔在任何情况下都想拒绝新事物。

卡米尔有许多障碍。比如说，他感到自己格格不入，在思考和处事方式上与同事截然不同，这使他社交困难。离开他的舒适区是一场灾难，他的空工具箱也给他带来了很多麻烦。他这辈子从未制订过计划，时间安排就更别说了，因此他总是在最后一刻完成任务。他不断抵抗，一旦有人督促他做些改变，他就找出一大堆理由反驳。此外，他总是过于激动。

尽管有这些障碍存在，我们仍然看到了解决的可能。卡米尔在一次交谈中告诉我们，他真的很想去瑞典，那里碰巧住着一些和他关系很好的亲戚。此外他还很想升职，因为这会增加收入。如果能继续做自己喜欢的工作，他也是很愿意接受新的职位的。他愿意参与瑞典的项目，因为这个项目具有复杂性和技术挑战。但这其中也隐藏着问题，因为这个新职位要求卡米尔必须遵守事先明确制订好的计划和时间表。此外，他必须与两名同事一起完成这个项目，他得做比现在更多的直接管理工作。

我们很清楚，卡米尔对把握机会和接受晋升很有动力。同时，就像在华特的例子中一样，在这里值得注意的是，如果我们放任不管，一切靠运气，那么现在的障碍很可能马上会阻碍他。尽管有机遇和动力，卡米尔仍然很有可能根本不去开始，或很快便放弃了。

正如我们在斯莱斯特的例子里所讲的，应对方法的第一步，是形成对障碍的意识。在这个例子里，这一过程也像斯莱斯特的例子一样，需要花费很多时间。在意识到自身障碍后，卡米尔身上也同样发生了真实的蜕变。他看待自己、周边环境和潜能的方式已发生明显改变。他甚至可以非常详细地说明这些障碍是如何困扰他的。当意识到并了解了自身的障碍后，正如之前所说，卡米尔接受这一新职位的动力非常强。此外他也完全做好了克服这些障碍的准备。

当我们在后续阶段将双方召集到一起时，我们指出，卡米尔在克服障碍的同时，能得到足够的空间并感受到被理解，是很重要的。由于项目的规模很大，卡米尔第一次使用制订计划的工具，这显然需要他的努力。那些常常引起卡米尔反抗的低效率问题，双方决定如此处理：他们会找到一种方法，让卡米尔能够以积极的方式揭露问题，并且公司表示，他们会做好合作的准备，会和卡米尔一同分析可以解决哪些低效率问题。我们给卡米尔的领导开设了一些辅导课程，让他学习如何应对卡米尔的抵触和相关情绪。我们分析了领导应该如何转移焦点，以及如何向卡米尔提供有针对性的反馈。此外，我们还分析了卡米尔的意愿，即希望能够更加深入地专攻他感兴趣的一些技术，这些技术对进一步执行他的工作具有附加价值。因此，我们不仅在研究卡米尔的弱点，还在观察他喜欢做什么，以及什么困难有可能将难度提高。

到目前为止，该项目已经进行了两年多，卡米尔一直待在瑞典。此次收购圆满成功，在此期间，卡米尔还再度升职，能够进一步利用自己的潜能。

障碍训练显然对成年人也有效果。但是我们仍然要再三强调，为学趁年轻。根深蒂固的模式是很难被遗忘的。但是，"活到老，学到老"，这种方法在人生的晚年仍有可能带来意想不到的成功。

治愈旧伤

现在我们已经清楚，障碍会给隐形天赋人群造成伤害。例如，由于"空的工具箱"障碍，导致娜塔莉准备不足，无法继续学习。为了确保能成功完成学业，她必须进行针对障碍的训练。就华特而言，他面对着"视自己为标杆"的障碍，甚至要被迫放弃自己的篮球梦想。

既然我们已经知道，隐形天赋人群也会受到伤害，不妨把目光转向体育界，看看他们如何处理这类伤害。原则上，受伤的运动员经常咨询医生或理疗师，以诊断伤势的严重程度。在重伤的情况下，运动员通常会被要求休息，并常常同时接受强化理疗。但是，专家通常不会建议他们做长时间休息。对于每种伤害，专家都要评估可能造成的身体和生理上的压力，以便据此调整训练计划。一方面，这是尽可能防止运动员再次受伤，另一方面，还系统地训练了任何可能导致受伤的弱点（例如错误的运动方式，肌肉失衡等）。调整后的训练计划旨在使受伤的运动员在康复后恢复到原来的水平，并防止伤病的复发。

调整后的训练计划对隐形天赋人群也非常有效。近年来，埃克森特拉一直专注于此。我们想举一些例子来证明这一点。

乔仁（37岁），一家知名建筑公司在荷比卢地区的负责人，他担任这一职位大约已有3年。在此期间，他成功地将每年销售额平均提高了15%。最近乔仁成立了一家姐妹公司，刚起步就已拥有20名员工。乔仁很喜欢他的工作。在工作日，他一般回家很晚，但作为补偿，他整个周末都会陪伴家人。

乔仁以前并不是这样。他毕业于土木工程师专业，在各大公司的建筑物维护和管理中开启了职业生涯。经理们对他的工作非常满意，不久他就获得了多次晋升。然而，随着每一次晋升，乔仁的状态变得越来越糟。他觉得自己的工作做得不够好，认为在他的领导下，员工的表现要比以前差得多……他夸大每一个小小的挫折，并为此越发困扰。不幸的是，他无视警告信号——他工作越来越辛苦，最终陷入疲劳过度。

在此期间，乔仁找到了我们。我们与乔仁和他的同事进行了几次谈话。乔仁才华横溢，并且仍然对他工作的领域非常感兴趣。他也很喜欢他所担任的职务。那么究竟是哪里出错了？

乔仁屡次被一些障碍困扰。他将自己视为标杆，不断对本人和周边环境提出越来越高的要求。这就像卡罗琳，那个渴望重建历史遗址的数学老师一样。这导致什么事都不能让他满意，强加给自己的标准变得如此不切实际，以至于在他们眼里，好结果是永远不可能实现的。实现目标需要循序渐进，对此他备受煎熬。如果他在某次会议上向团队提出了问题，就会期待在下次开会时，该问题已经被解决了。对失败的恐惧持续困扰着他。一想到要与老板面谈，他就难以入眠。

乔仁认为，我们对他的障碍的见解极大地影响了他的处事方式。我们进行了多次对话，而该过程刚刚完成，乔仁就产生了巨大的内在动力。他积极面对自己的障碍，甚至提出了各种解决方案。我们在整个过程中给予乔仁指导。例如，他当了几年自由职业者，为了迫使自己面对自身的障碍，他刻意接受了一些非常有针对性的任务。他密切关注任务的持续时间和规模。起初，任务的持续时间很短，难度有限，然后他慢慢地将时间延长，难度增加。他控制自己所承担的压力，并有意识地针对他的障碍进行训练。

从一开始，乔仁的目标就很明确，他要重新成为大公司的领导者。这样，他就又能负责执行大型项目和复杂项目了。目前可以说，他已梦想成真。在成长过程里，他主要专注于如何处理和应对当前的障碍，现在，乔仁又动力满满了。

伊内（18岁）是一名医学院的学生，她在第一次考试时就取得了令人失望的成绩。当我们在对话里寻找影响她的障碍时，很快就发现伊内非常不习惯于取得低分。在高中时，她竭尽所能保持好成绩，这意味着她逐渐延长了学习时间，也更加努力。换句话说，她完全处于"超负荷运转"状态，也可以说是上文中提到的"完美主义"。第一次医学考试的成绩如此之差，让伊内十分沮丧。我们很快就明白，我们必须指导她处理好伴随结果而产生的情绪，尤其是有一点儿差甚至是糟糕的成绩这种结果。最近的激动情绪使她几乎放弃学业。通过我们提供的指导，她首先认识到，她的失败并不是因为她无法应付高强度的学习。我们鼓励她不要停止学习，并和她一起努力寻找在这种情况下现实可行的方法，以及她目前所遇到的障碍。

很显然，由于令人失望的成绩，所有的课程都让她感到沮丧，而不是激励她实现自己的目标。我们得出的结论是，最好限制第一学年第二学期的学分总量，这样可以减少工作量，减轻压力，并为她尝试不同的学习方式提供时间和空间。伊内在大学的最初阶段，还经历了其他问题，如她的学习方法无法很高效地处理大量学习资料。因此，她将不得不花费很多时间掌握全新的学习方法，这让她感觉很不适应。她的障碍——无法离开舒适区"也显现了出来。

伊内很难接受用两年时间读完大一这个建议。"以自己为标杆"的障碍让她觉得这是个糟糕透顶的主意：她坚信，需要延期一年完成学业的医生已经失败了。然而，我们从多年经验中了解到，保持原有"正常的"学习压力不会产生任何成果。当我们利用实例来证明这一点后，伊内最终被说服了，同意减少她的学习任务。压力减轻就像是体育运动的康复期。毕竟，伊内必须从很多伤害中恢复过来。她对自我的评价较低，缺乏信心，觉得自己什么也干不好，无法接受自己犯错。因此她必须建立合适、有效的学习方法。但当康复期结束时，她将学会如何应对自身的障碍，并将能更好地运用她的潜能。她的生活又能恢复正常，她也能充分发展自己的天赋。

伊内目前读医学三年级，学习压力再次达到"正常"水平。她再次取得了很高的成绩（与高中时的情况相当）。当然，偶尔她也会取得不太满意的结果，但现在她可以更好地处理这种情况，不会再陷入情绪旋涡中。她对未来充满期待，对儿科专业很感兴趣。看起来她将实现医生的梦想。无论如何，她相信自己总会成功，这个信念每天都愈加坚定。

米罗（8岁）有一个天赋异禀的哥哥。当米罗5岁时，父母已经意识到他的许多行为并不寻常。研究表明，米罗是隐形天赋儿童。最初一切都很顺利，但现在他有几门课的成绩远远低于班级平均水平。尤其是数学，他是全班数学很差的人之一。学校付出了很多努力，但似乎并没有起色。

父母希望他能表现优异，因此从他小学起就采取了很多措施，这给他带来了很大的压力。他学习了更困难的语言和数学课程，此外，每周他还要去辅导老师那里上两次额外课程，学习有挑战性的内容。他可以就他感兴趣的项目进行研究和演讲。米罗的演讲总是出类拔萃，但令老师震惊的是，他很难和同学交流。他对其他孩子的反应很奇怪，和他们相处的方式也很伤人。同时，米罗的学习态度不端正。他经常看着窗外，不完成老师布置的任务，只有在老师不停地催促后才开始学习。他使用自己想出的计算方法，但并不总能给出正确答案。这也部分解释了为什么米罗数学不好，总也不会列竖式。

如果班里有一个天赋异禀的孩子，老师就必须给他一些额外的挑战。这是一个常见的观点。但对米罗来说，更困难的数学练习显然无济于事。相反，较重的负担似乎适得其反。尽管他认为那些演讲的确"有趣""很酷"，但他是否真的从中学到了什么，还有待观察。

在米罗的案例里，我们专门寻找了他的困难和长处。值得注意的是，在社交层面上，米罗在与其他隐形天赋儿童接触时绝没有任何不恰当的举动，但是很显然，他在学校遇到了"社交"障碍。他不知道如何与不理解他的孩子打交道，因此表现出不恰当的行为。此外，我们注意到，米罗不愿离开他的舒适区。比如，演讲的主题都很有趣，但他总是选择自己最熟悉的那个。让米罗参加额外课程只会使他承受更大的压力，进而加重这种障碍。因为他想在那里好好表现，从而能够继续学习额外课程。这也是他会待在舒适区内，并且总是选择那些他熟悉的主题的原因。想象一下他无法继续研究这些有趣的项目，只能学习"无聊的"数学课程吧。这绝不是他想要的。

"抵抗"型障碍也困扰着他。正是因为他觉得没人能理解他，才会变得咄咄逼人，时不时发脾气。另外，他总是挑战老师的权威。米罗也不明白达成目标需要时间。如果他没能马上做对某个练习，他会武断地认为自己做不到，甚至会拒绝再次尝试。学校帮助米罗的尝试是出于善意的，但这并不能帮助他进步。改变方法是必要的。米罗显然受到了伤害，并被多种障碍困扰着。因此他需要一个适合他的训练计划。

我们制订了一个完全不同的训练计划。米罗可以继续留在辅导老师那里，但他的行为会得到与此前不同的反馈。我们向米罗指出，他总是在走捷径，即选择已经熟悉的主题。因此老师将对主题做出限制，要求米罗在每个主题里达成明确的目标和预期。这样，她将教会米罗坚持并持续完成分配的任务，很好地阅读并执行所要求的内容，米罗也得到时间来学习这些技能。

辅导老师的期望有所调整，因为她之前认为隐形天赋孩子可以做任何事情，这是可以理解的。现在，老师对他的优缺点有了更多的了解。此外，她对米罗的社交表现有了更深刻的认识，这样当米罗与同学产生矛盾时，她能够与米罗换位思考，更易达成和解。

最后，米罗在数学课上必须遵守教学指导。只有当他真正做到以上几点时，才会出现更加困难的练习。米罗也被要求这么做，因此他必须走出自己的舒适区。当有些基本的练习对他来说很困难时，他会花时间，向辅导老师学习正确的计算方法，并得到一个水平较低的新题目。

由于学习压力的减少，6个月后米罗就已经可以处理很多障碍了。犯错误不会再让他轻言放弃，他理解了达成目标需要时间，敢于离开自己的舒适区，并且很少产生对抗。他也设法弥补数学上的弱点。既然障碍对他产生的影响大大减小，下个学年，人们可以适当增加一点儿他的学习压力。最终，他将享受包括数学在内的更多挑战，而这不会妨碍他掌握他必须熟悉的教材。

伊内和米罗的例子证明，隐形天赋人群如果受到了伤害，一种体育界的伤病处理方法可能会非常有用。遗憾的是，这种方法很少被使用。提供更多具有挑战性的任务，是针对隐形天赋学生常见的教学干预措施，这就类似于加重有天分的运动员的训练计划。但是，并非每个隐形天赋儿童都能承受加重的负担，即便可以，也不是每时每刻都能承受。

换句话说，状态良好、成功且表现出色的隐形天赋学生（没有伤病的运动员）和身心不适、不想上学的隐形天赋学生（受伤的运动员），所接受的教学干预通常是相同的。因此，两类学生承受的负担也是相同的，但显而易见，这将对他们产生截然不同的影响。老师们注意到，针对被许多障碍困扰的隐形天赋学生（受伤的运动员），实施的教学干预措施无效，或效果不尽如人意，这通常意味着，该学生最终将不会背负任何负担。这将导致该学生陷入另一个极端：远离任何挑战。再次用体育界来打比方，人们根本没有寻找过隐形天赋人群所遭受的伤害，更不用说可能造成这些伤害的原因了。不幸的是，人们通常不会针对学生的实际弱点，对培训计划做出调整。

趁早预防

所有的隐形天赋者都会在他们的发展道路上遇到障碍，包括成功人士。这意味着他们必须始终保持警惕。因为如果对这些障碍及时并且最好是预防性地做出反应，长远来看，它们造成的伤害就会较小。当然，随之而来的好处是智力型人才能够更充分、更好地发挥他们的潜能。

俗话说，"为学趁年轻"，这句话也适用于此。应对障碍的年纪越年轻越好，正是因为越早处理会越简单。年纪越大，越难改变习惯，也越难学会新行为。

下一个观点十分重要。我们已经指出，意识到自己的障碍，并了解隐形天赋如何进一步触发它们非常重要。对于年幼的孩子来说，这当然不容易。所以父母在这方面扮演了重要角色：因为他们能够注意到孩子的障碍，并开始针对这些障碍做出应对。通过这种方式，孩子会更早自发地应对这些障碍，基本阻止障碍的产生。这些方式包括父母的反馈方式、鼓励孩子接受挑战的方式和孩子展现出发散性思维时父母的回应方式。

作为隐形天赋孩子的父母，识别出孩子的障碍并看准机会引导孩子应对是很重要的。关键在于动力——如果孩子有动力，就会更乐于扩展他的知识。如果你5岁的孩子想要帮忙切蘑菇，这就是一个机会，因为他此时很想要帮忙。如果你的孩子有给自己定高标准的倾向，那么你作为家长能把蘑菇切得又快又好，这在他眼里就显得相当厉害。你的孩子会期待自己也做出同样的成果。父母必须学会抓住这样的时机：这样你会越来越敏锐，从而能更好应对这些情况。

"我很高兴你能帮忙。但我们也要事先说好，如果你想切蘑菇，我们就来分配一下任务，我们俩都切一整碗。也许我会切得快一些，不过不要紧。因为我已经切了很多年蘑菇，已经练习了很多次。重要的是不要半途而废，我们时间很充足。"

切蘑菇的时候，如果你看出孩子对自己的进展并不满意，是很正常的。他切得不一样大，有的坑坑洼洼，有的从中间裂开了……在切完蘑菇之后，不妨问问孩子觉得怎么样，帮助爸爸妈妈开不开心，等等。孩子很有可能就会表示自己对结果不是很满意。这时候你就又有了做出回应的机会。你可以告诉他，你才5岁，不用切得像我一样好，我切得好是因为有经验。也许你刚才在切的时候，已经发现自己越切越好了。这种简单的家务活常常可以帮孩子从预防层面消除障碍。视自己为标杆、做成一件事需要时间、犯错、离开舒适区，等等，这些都会被一一检视。

因此，你完全没必要等孩子上学之后再采取措施。但话说回来，多晚开始都不迟。我们引导过很多成年人，他们很晚才知道自己是隐形天赋者，想知道如何"更好地"应对天赋带来的一些后果。他们中的许多人通过必要的训练成功消除了障碍。因此，只要想解决问题，并且准备好做出改变，即使是成年人，也绝对可以获得积极的结果。

所以这一切带来的信息是很明确的：如果能够解决障碍，那就开始行动吧！无论如何，它对任何年龄段都有效果，即使它由于某种原因没能起到帮助作用，那肯定也没有坏处。相反，一个小小的改变可能意味着翻天覆地的变化，并增加了智力型人才的幸福感，这绝对是值得的。

提升幸福感

无法利用智力天赋会显著地降低一个人的幸福感吗？换言之，如果一个人的智力天赋不能得到发展，他会不快乐吗？答案的核心可能在于智力型人才自己想要实现什么目标，以及他取得成功的决心。试想一下，一名足球运动员因为能够在巴塞罗那[19]踢球而格外高兴，而另一名和他天赋相当的球员只是在当地俱乐部踢球就已经非常满足。他们两人都没有错。对于智力型人才而言也是如此。在天赋模型划分的不同类型中，这一点也有所体现。人各有志，当他们实现自己的志向时，自然就会感到幸福。但可惜的就是，一些智力型人才往往不能实现他们的志向。这几乎总是会导致幸福感的下降。幸福感的下降可能表现为多种形式，例如感到沮丧、觉得不被理解，甚至是严重的抑郁症状。

我们绝不是想通过这本书反对个人意愿。相反，如果我们

---

[19] 译者注：指巴塞罗那足球俱乐部，位于西班牙巴塞罗那市，西班牙足球甲级联赛传统豪门之一。

能就此帮助人们实现他们真正的渴望，就再好不过了。但问题通常就出在这里。显然，没有哪一条法律规定，每一个隐形天赋者都必须成为闻名世界的外科医生或者跨国企业的首席执行官，所以让隐形天赋者也能像普通人一样做自己喜欢的事并没有错，然而人们并不总是能做到这一点。假如智力型人才干劲十足、志向坚定地想成为木工、厨师、护士或者其他无论什么职业，那当然再好不过。然而，我们经常看到的是，隐形天赋者从事这些职业时并没有这样的个人信念和动力，这显然是一个问题。一项针对超过300名成年隐形天赋者的调查显示，80%的受访者认为自己的职位远配不上自己具有的能力。他们提到，自己感知和学习的能力和工作需要的能力之间存在着差距。并且，他们都承认，由于存在着这种差距，自己常常倍感沮丧、无聊和缺乏动力。他们因此身心俱疲，并多次感到精疲力尽、过度无聊，甚至往往会选择跳槽。

当然，周围的人，尤其是雇主，也有责任提供更多可能性让隐形天赋者现有的潜力得以发挥。然而，这种情况通常不会发生，隐形天赋者在职场受到的关注也是不足的。很多人事经理和领导不知道拥有隐形天赋雇员意味着什么，也往往完全不知道应该如何应对。如果我们给予他们一些指导，往往是为他们打开了新世界的大门，无论是对雇主、领导，还是雇员来说，很多事都会变得明朗起来。

因为这极具有挑战性，所以我们仔细研究了这种情况的一些案例。引人注目的是，责任并不总在雇主和领导。很多隐形天赋雇员虽然已经获得过很多次机会，或者遇到过明显能够缩小（能力和现实）差距的机会，但由于自身障碍，他们没能抓住这些机会。这实在太悲哀了。隐形天赋者自己的幸福感更少了，雇主——乃至整个社会——也无法充分地从我们所谓的"所有事物的基础原料"中获利。简言之，如果你不知道如何应对自己的智力天赋，并因此无法发挥潜力，这不仅有损你个人的幸福，也有损整个社会的利益。

然而，隐形天赋和幸福之间的联系不仅限于发挥潜力、获得成就和实现抱负。无论你去哪里、从事什么行业，你总要面对自己的隐形天赋。就算只是和朋友交谈、看新闻、做小组任务、参加会议、参加学校出游、构想一个想法、对日常事物进行哲学思考、打高尔夫或者做口头报告……做什么都一样，智力天赋还是如影随形。你常常会对事物有与众不同的想法，做事也有与众不同的方式。这种不同于别人的感受，截然不同的思维和处事方式会对你的幸福感和工作产生很大的影响。

作为父母，让拥有隐形天赋的孩子参加学校出游，比如去游乐园，并不总是那么容易。孩子会对这种活动提出无数的问题。其他孩子倍感期待的出游，在隐形天赋孩子这里很快会带来海量的问题和担忧。如果我们约好了十二点在某个地点用餐，我又没有带手表或手机，怎样才能确保准时到达呢？如果我们必须集体活动，但有一个项目我并不想玩，要是老师看到我一个人在那儿，她会作何感想呢？如果有项目会把我弄湿，那我最好最后再玩这个项目，不然我就得一整天穿着湿衣服。如果我不认识游乐园里的路，就最好在入口处要一张平面图，以确保不会迷路。

如果梳理隐形天赋孩子脑袋里装着的所有问题和担忧，你一定会感到惊讶。你还会为孩子产生问题和担忧的思维速度之快感到不知所措。大多数同龄孩子对这样的出游的问题和担心要少得多。如果隐形天赋孩子和朋友们分享自己的问题和忧虑，他们大概会瞪大眼睛看着他，不知道他到底在想些什么。老师回答他所有问题的可能性也非常小，因为就连老师也对这个孩子脑海中冒出的问题毫无概念。具有智力天赋的孩子想找到他心中问题和顾虑的答案，通常只能靠他自己。许多隐形天赋孩子都不愿意参加学校出游也就不足为奇了。这样他们的幸福感也不会提高。

对（年轻的）成年人而言，天赋和随之产生的与众不同的感觉常常会影响他们的幸福感。

桑娜（17岁）把小组任务和合作视为"装模作样"。她得出的结论是，正如她自己所说，这是自己"忍受"合作的唯一途径，她还详细讲述自己是如何实施的。在小组合作的一开始，她尝试尽量扮演好"小组成员"的角色，这对她而言很难，因为她必须假装自己和其他人一样，对任务一无所知，也不知道要做什么。其实她早就知道了，而且是立刻就知道小组任务的最终结果应该是什么样子。但她依然装作不知道，因为她敏锐地察觉到，如果自己不这么做，小组的其他人员会把她视为"万事通小姐"。她让小组成员共同讨论，假装验证并附和其中的某些观点，如果有人询问她的明确观点，她就会提出一些经过深思熟虑的反问，使得小组毫不怀疑地朝着她认为正确的方向前进。她在向我们解释的同时，也提到她觉得自己能够这么好地"暗中操纵"是很糟糕的，但是她别无选择。她这样帮助小组一步步向前迈进，通常就能得到人人满意的结果。

然而她还是承认，坦白地说，她本人并不总是真的感到满意。她太过频繁地因为节奏问题而懊恼，特别是在要写论文的时候，在她看来，这么慢的节奏实在难以忍受。桑娜很清楚地意识到，她对我们说的话也许太自傲了，她强调这完全不是自己的本意。她只想说明自己常常感到沮丧，因为她不得不在小组合作中装模作样，只为每个人都"团结一致"，并最终得到她勉强能够接受的结果。其实她自己还想在任务上更进一步，但那就意味着她必须单打独斗，遗憾的是，她认为，那样就违背小组任务的本意了。

从这里我们也注意到了一系列与众不同的思维模式、格格不入的表现以及截然不同的处事方法。对其他人而言平常又有趣的任务，对桑娜来说就是沮丧的源泉，这显然降低了她的幸福感。

回想一下努力克服"沟通"障碍的亚瑟。在一次和别的部门的口头协商中，他开始向对方揭露他们运作的问题，这非常奇怪，因为他本人从没在那里工作过。但亚瑟是一个具有很强分析能力的思考者，能够迅速发现很多差距和问题，并且通常在别人意识到之前就发现了这些问题。亚瑟自己却无法理解这一点，这导致双方都很沮丧，也让双方互生误会。他的幸福感也大受打击。

与众不同的思维模式、格格不入截然不同的处事方法，每天都会出现。只有不再忽视这种天赋，才能增加和提升幸福感。因此，你也有必要学会处理自己的天赋，从而能学会应对它，使你幸福起来。这也再一次说明，了解现有障碍显然是必不可少的。这样，你就可以在日常生活中愉悦地享受自己的智力天赋，并得到不断发展这种天赋的养料。你的幸福感也会得到真正的提升。

不要逼迫

很多家长会疑惑，努力去解决孩子身上的障碍是否算是一种"逼迫"。比如，孩子不敢犯错并因此害怕失败，那么帮助孩子避免犯错不是更好吗？对此我们的回答十分坚定和明确：不是。如果孩子不敢犯错，那么他周边的环境（家长/学校）就应该教会他如何面对犯错这件事。给孩子回避错误的机会，绝对是错误的策略。如果你想有所收获并学会利用潜力，犯错绝对是不可避免的。错误让你知道，你的方法是不对的。错误也让你更进一步思考。犯错后仍然坚持不懈地努力，你就能在无数新的尝试后获得成功。这是所有人都需要学习的，有智力天赋的孩子们也不例外。

如果一个4岁的孩子挑选的拼图游戏比他之前玩过的都难，那么在他发现自己不能立刻拼出拼图的时候，就很有可能将其推到一边。机敏的父母这时就会鼓励孩子继续尝试。这种"要求"并不等同于逼迫。作为家长，你此时得到的是机会，一个教给孩子在失败的情况下继续努力、而不是放弃的机会。

但是，我们在这里面临的风险是，有智力天赋的孩子更有可能不去学习应对错误，因为他们比其他孩子犯的错误要少。他们面临的挑战（如学习材料或钢琴课练习曲目）有时对他们来说太容易了，甚至他们几乎不费吹灰之力就取得了非常好的成绩，还不会犯多少错误。

但这一切并不能改变逼迫的事实。逼迫的问题在于，它让孩子们失去了解决障碍的机会。如果4岁的孩子并不喜欢拼图，那么拼图就不应被用作教他应对错误和继续努力的工具。违背本人意愿的推动即是一种逼迫。只有当一个人发自内心地想要付出努力，并且对自己正在做的事情有足够的动力时，障碍才可能被扫除。

尼尔斯（18岁）十分想学习法律。我们从一次对话中看出，他的动力十分充足。我们谈到了他的兴趣、志向和想要达到的目标，还看了看他到目前为止的学习生涯，发现他学习从来都不努力，并且认为高分一点儿也不重要。总分10分，能得7分就已经足够了，为什么还要考到9分呢，他对此感到十分疑惑。再加上他还总为自己的爱好留出充足的时间，导致他完全不觉得有必要把成绩从7分提高到9分。

他现在的目标十分明确：学习法律，之后再学习经济，为进入商业领域做足准备。当我们问他打算如何开始学习时，他却试图回避这个问题。他给我们的感觉是，他想一切顺其自然，然后再看看会发生些什么。这种态度与他雄心勃勃且经过深思熟虑的计划形成了鲜明的对比，所以我们更进一步地问了下去，这才发现尼尔斯并不真正清楚该如何学习。他尝试过所有的学习方法，觉得哪个都不适合自己。他其实并不知道该怎样把学习材料组合起来。显然，"空的工具箱"是他遇到的一个障碍。

我们还在谈话中了解到，尼尔斯非常重视同朋友出去玩这件事情。而这次谈话的结果就是我们和尼尔斯制订了一些约定，并且尼尔斯自己也非常愿意在学习期间遵守这些约定。这些约定是我们在坦诚的交流中，基于他自己的意愿制订的。他决定每个月只跟朋友们出去两次，接受指导改善自己的学习方法，还有每周在音乐上多花一小时上家教课。但他的父母很难接受最后一点。因为尼尔斯已经在音乐上花了很多时间，他的父母更希望他能少玩些音乐，多花点时间在学习上。但对于尼尔斯而言，这两者间并无关联。

目前的状况十分乐观——尼尔斯有目标和志向，还非常有动力。所以我们会从他本人的意愿和我们一起发现的障碍出发，一同研究具体应该怎么做，才能实现他的目标。当他对此做好准备时，我们就做出明确的约定。尼尔斯的父母却觉得约定的最后一条很难接受。花更多时间在爱好上，学习的时间不就更少了吗？他们怎么能接受这一点呢？但是，凭借多年的经验，我们深信，尼尔斯为了摆脱"空的工具箱"要遵守的约定，从长远来看将带来很大的益处，无论是在时间利用方面，还是在结果方面。在音乐上多花的这一个小时对他来说十分重要，在这一点上对他表示理解意味着对他能力的信赖。这只会增加他修理"空的工具箱"的动力。

这种方法非常重要的一点是，做出的约定需要被遵守。有智力天赋的年轻人在这一点上大多做得不错，因为他们出于正义感，原则上总会遵守经过真诚协商而达成的约定。在这个案例中，我们经常被问到，尼尔斯是不是早就可以解决自己的障碍了？我们对此也有疑虑。"空的工具箱"一直以来都是尼尔斯的障碍，但是迄今为止，在学校里都找不到可以着手解决这个障碍的突破口。因为如果他根本不想把成绩从7分提高到9分，为什么还要改善学习方法（即填补他的工具箱）呢？任何尝试说服他的行为绝对会以失败告终。更糟糕的是，从长远来看，他可能会因此发展出带有负面影响的"抵抗"障碍。比如，他很有可能因此不再愿意学习了。

简言之，在尼尔斯还在学校时就早早地开始尝试解决他的障碍，这对他来说便意味着"逼迫"。不过当他从中学升入大学后，的确是一个开始障碍训练的好时机。因为此时他正好有足够的动力，愿意为学习投入更多精力。目前训练取得了成功。尼尔斯现在是法学三年级的学生，他自己创造了一套高效的学习方法，并掌握了适合自己的学习工具。他想在取得法学学位之余，再取得一个经济学学位的志向，似乎越来越有可能实现。

不过，我们也可以换个角度来看"逼迫"这个概念。

阿曼达有两个孩子，艾拉拥有隐形天赋，而西蒙则介于低能和弱智之间。多亏了阿曼达的努力，西蒙完成了普通小学教育。每次西蒙放学后，阿曼达都要竭尽全力帮助他掌握今天所学的知识。西蒙在母亲的指导下严格遵守学习计划，每周两次接受言语治疗师的治疗。西蒙的学校十分钦佩阿曼达，因为他们发现她的方法明显是有效的。她从周边环境也得到了许多鼓励。大家都说她为儿子做得特别棒，鼓励她坚持下去。

但涉及到她的女儿艾拉，就完全是另一个故事了。在班里，艾拉在各方面永远都是最优秀的。而她其实并不需要为此付出什么，这跟她弟弟的处境形成了鲜明的对比。她忙于各种爱好和活动。她非常喜欢制作拼贴画，为此她狂热地收集各种杂志和纸张。她不停地撕、剪、贴，从而创造出非常美丽的艺术品。她也经常不在家，因为她还是一个很厉害的网球明星，很快就会成为当下最优秀的青年选手之一。除此之外，她还喜欢弹钢琴，为此她去了音乐学院，并且她还在上绘画课。

艾拉的父母也非常鼓励她。她的父亲会开车带艾拉去各处。对于艾拉，安曼达和她的丈夫只有一个担忧，即她对失败的恐惧。她被允许同比她大的孩子进行网球比赛，因为对她的同龄人来说，她实在是太有天赋了。她还被选中参加专门为法兰德斯最有才华的年轻人举办的训练营。然而，正是在这里，她对失败的恐惧出现了。她在去训练营之前非常激动，但开营时，她内心却产生了抵触。而她的父母十分坚持，不允许她退缩，并提醒她，她当初是有机会选择不去训练营的。身边的人毫不留情地给予他们负面的评价和批评。总有人说他们的女儿很明显"过度劳累"，他们逼她逼得太紧了。甚至还有人提出十分伤人的要求：艾拉或许需要补偿一下她的弟弟……

那到底什么是"逼迫"呢？对此每个人都可能有、也可以有自己的看法，但事实是，对于不同孩子的不同情况，逼迫会产生不同的作用和负担。

如果你想让你总是得10分的孩子去接受指导，因为他害怕失败，那么很多人很有可能无法理解你。作为家长，就会有人向你问责，强烈建议你降低对孩子的期待。永远得10分有必要吗？但通常他们没有看到的是，那个期待孩子永远得10分的人往往不是作为家长的你，而是孩子自己。正是在此时，解决孩子的障碍十分重要，障碍训练可以让孩子改变很多。因为，如果你的孩子真的想要一直取得最好的成绩，却一直沮丧于考不到那么高的分数，那么基本可以肯定，他有害怕失败的障碍。

如果你想对此做些什么，逼迫是完全无用的，你应该去教会你的孩子，如何在必要时调整对自己的期待。我们怎么才能确保这些期待实际可行呢？你的孩子需要克服哪些障碍才能真正发挥出潜力呢？

我们认为这更像是一种对于观念的调整。逼迫不仅没有用处，还会造成伤害。当当事人真的愿意解决障碍时，才能创造机会，让他的潜力得到更好的发展。这样可以提高幸福感，使人们生活得更加幸福。

全力以赴

多年来，世界各国的学校都为表现不凡的学生提供了专门的课程。这些补充类课程主要由针对性教育构成，具体表现为学生各自班级里针对水平较高学生的差异化教育，在法兰德斯体现为袋鼠班，在荷兰则为培优班。

你会问，这些课程和针对性教育是否一定可以解决障碍呢？这个问题的答案是极其微妙的。当然，这种方法一开始对于优秀和天赋异禀的学生来说是非常有帮助的。如果这些针对性方案设计得很好，目的是让学生们有更有效的学习态度，以便更有针对性地学习，我们当然举双手赞成。但是障碍训练比针对性方案更进了一大步。为了更清楚地说明这一点，我们会再次移步体育界。

　　运动有时会导致不平衡(disbalance)。例如，跑步和足球运动员由于体育锻炼，经常在股四头肌和腿后腱的位置受到肌肉发展不平衡的困扰。他们的股四头肌由于得到了很好的锻炼而十分强壮。而腿后腱则相反，由于较少承受压力，它往往得不到很好的锻炼，所以不那么强壮。如果这两个肌肉群的差异太大，膝关节的平衡就会被破坏，这很有可能造成膝关节损伤。仅仅是继续运动，并不能解决这个问题。为控制受伤风险，在做原项目运动之外，他们还需要一个增强腿后腱的练习计划。如果正确设计并实施了这个练习计划，会一举两得，一方面他们降低了膝关节受伤的风险，另一方面他们整体上变得更强壮了，也许能在运动中表现得更好。

　　关于隐形天赋人群，以及上面的问题，即我们通常使用的针对性教育是否足以解决障碍的问题，我们需要类似的思路。

　　弗洛尔（11岁）现在读中学一年级。由于针对水平较高学生的差异化教育，在小学的最后几年她被分到了计算和语言的高级班，还加入了袋鼠班，她对此获益匪浅。在她就读的第一所小学，她没有得到额外的挑战，这让她觉得十分无聊。她越来越不想去学校，还产生了身心上的问题。而在转学之后，她得到了正确的针对性教育，于是她的很多问题都得到了解决。

现在在中学里，弗洛尔依然能取得优异的成绩，但可惜她拉丁语的成绩并不好。她的父母发现她并不知道该如何学习，非常害怕犯错，还十分不自信。她小学时不需要付出多少努力就可以取得高分，这让她不习惯在学习上花时间，却习惯了取得好成绩。弗洛尔的父母意识到，拉丁语是真的需要她付出努力去学习的，便开始跟她一起学习。他们表现出极大的耐心，非常努力地跟弗洛尔一起用一种好用的方法来记拉丁语单词。不断摔倒又爬起，她的拉丁语越来越好，学期末的时候，她终于在拉丁语这一科取得高分，就像她多年来习惯的那样。让大家都满意的是，她在一年级结束时，拉丁语得到了90%的好成绩。

在中学三年级的时候，弗洛尔又意识到法语也需要她更努力地学习。到目前为止，她只花了很少的时间就掌握了所有语法规则，但是现在她的知识却出现了一些漏洞。她的父母再次给她提供了大力支持，让她又一次取得了惊人的法语成绩。

当她读到中学五年级的时候，她的父母认为她已经不再那么害怕失败，并且更加懂得该如何学习了。他们对她这一路来取得的巨大进步和优异成绩十分满意。但突然间，犹如晴天霹雳，弗洛尔丧失了上学的全部动力。她的父母变得心神不宁，因为如果他们不把她从床上拖下来，她自己是绝对不会去学校的。他们在不经意间还提到了一些别的事情……

弗洛尔曾经很喜欢音乐，但已经很久没有碰过音乐了。她拉过几年大提琴，可是当她在完成音乐学院交给她的一项任务，即在家人面前举办一个小型家庭音乐会时，她由于压力完全僵住了。这对她来说是一次可怕的经历，尽管要表演的曲目她明明掌握得不错。这正好发生在拉丁语课给她带来不小压力的那段时间。她的父母认为，在学习带来的压力之外，弗洛尔还要因为必须拉大提琴而感到压力和焦虑，实在是太荒唐了。爱好毕竟仅仅是爱好。弗洛尔的大提琴老师对此感到很惊讶，因为他认为弗洛尔很明显在此方面具有天赋。实际上，会发生这种情况也真的很奇怪，因为弗洛尔一直都很喜欢拉大提琴。但由于她的父母认为拉大提琴应仅仅是一种乐趣，它不应该给弗洛尔额外的压力，大家便觉得弗洛尔最好直接放弃大提琴。于是就有了现在的状况——弗洛尔再也不想去上学了。她现在读中学五年级，再也承受不住压力了……

分析过去这几年弗洛尔的父母尝试解决问题的方法，我们发现，他们很关注女儿学习的态度，而完全没有关注她对于失败的恐惧。类比体育界，可以这么说，弗洛尔的某处肌肉得到了很强的锻炼，甚至几乎完全回避或弥补了她其他的弱点。父母无视弗洛尔对失败的恐惧和她因此承受的压力，这触发了另一障碍，即完美主义。如果再次与体育界类比，完美主义就是她较弱的肌肉。弗洛尔找到了能让她取得高分的方法，而这也促使她越来越用功地学习。弗洛尔自己原本就想拿高分，她的父母在无意间再次强化了这种想法。当弗洛尔带着一张高分成绩单回家时，他们多次表达过称赞和钦佩，并且认为这自然是女儿大量认真学习的回报。"你看看，其实你能行，只要你用了功！"这是父母最常用的称赞。当然父母的初衷都是好的，而实际上，他们让弗洛尔多年来都在回避她对失败的恐惧。如果他们意识到了这一点，也许就不会同意女儿停止拉大提琴了。

让我们再次把体育界的应对方式应用到弗洛尔的情况中。对弗洛尔学习的态度进行训练绝对是必要的。在小学时便是如此，那时家长对她采取了适应性措施。弗洛尔升入中学后，她的父母又进一步改善了这一方法。很明显，他们把这一方法运用得非常好，只是他们忽视了，弗洛尔因此遇到了其他障碍，而他们甚至促成了这些障碍的产生。对失败的恐惧和完美主义正是导致她不断出错的原因。

为了实际解决障碍，你必须一直拼尽全力，应对所有有可能出现的问题，不论是在学校、在家还是其他时候。对弗洛尔来说，大提琴就是她战胜对失败的恐惧和完美主义的理想工具。而在实际情况中，她回避了问题，还因此觉得放弃自己喜欢的事情并没有什么大不了。从发挥潜力的角度来看,这种做法明显传达了错误的信息……

发展性思维

有时候我们会感到疑惑:隐形天赋人群是否会因为他们这种静态思维,而备受障碍的困扰?障碍带来的一系列问题,是否可以通过培养发展性思维来解决?

卡萝·德威克[20]在多年前就提出了这种观点(卡萝·德威克,2011)。她认为,具有静态思维的人认为智力和天赋是固定的。能力就像大理石一样,是雕刻出来的。他们不知道如何应对失败和犯错,不相信可以通过努力达到目标,也不会做任何铤而走险的事。如果有不成功的可能,那干脆就不要开始。具有发展性思维的人则正好相反,他们相信基本能力是可以通过努力、学习和积累经验来提高的。他们把失败视作能力提高的一部分,也更愿意接受挑战,并且挑战越大,他们就越努力——德威克如是说。

昂斯,那位本书第三章里提到的小舞者,就很明显具有发

---

[20] 译者注:卡萝·德威克(Carol S. Dweck, 1946—),美国斯坦福大学心理学教授。

展性思维。她开始跳舞后，只用了一年时间就达到了可以参加舞蹈比赛的水平。很多迹象都表明，她具有发展性思维。周围其他舞者的水平都比她高，在这样的环境里，她适应得相当好。她坚信，这样至少可以学到很多东西。她每天不断练习，精湛技艺，提高身体灵活度，虽然她的身体像父亲一样，一点也不柔韧。这些努力让她在一年后成为舞队中最灵活的一员。她以惊人的毅力每日练习，自己学会了做前桥和后桥。但当她有机会进一步学习后空翻时，她就彻底不学了，不愿接受挑战……她的发展性思维让她马上开始担心起学习后空翻要承受的风险。也就是说，相比于只是单纯坚信着潜力必须得到发展，隐形天赋人群其实进行了更进一步的思考。

　　弗洛尔突然完全失去动力，不再愿意上学。她的父母表示，他们在女儿中学一年级的时候很努力地尝试过发展性思维模式，同时学习了大量学习技巧。弗洛尔很享受学习的过程，她常常是出于自己的兴趣和意愿深入学习，而不是有人要求她这么做。同样，她的问题也不在于静态思维。很明显，弗洛尔想要提高。但她一直忽视了"视自己为标杆"这一障碍，这才出现了完美主义和害怕失败的症状：她只想做得越来越好。弗洛尔觉得犯错误和迎接挑战根本不算什么，而且很明显，这正是得益于她对发展性思维模式的培养。但她的问题其实在于，隐形天赋者总是把问题复杂化，而且把门槛设得很高，与自己的标准一致。

显然，以静态思维对比发展性思维的理论，迈出了极具价值且关键的第一步。缺少发展性思维就无法出类拔萃。但如果你想最大程度地开发潜力，你就必须再往前走一步。只有发展性思维还不够，你还需克服这些仅出现在隐形天赋人群中的障碍，如此才能充分享受天赋带来的快乐。

扩充天赋的机会箱

隐形天赋或智力天赋是人的一种特质，这种特质有很多积极特征。不可否认，先天获得一份出色的天赋，这就是一种优势。然而，隐形天赋者本人是否能因此获得幸福快乐，这就不一定了。过去的观点主要是，高天赋的孩子们能自己处理好问题，他们应该视自己为幸运儿，因为他们有相当出色的智力。我们不能否认，确实有这样的隐形天赋者，他们用自己的天赋、通过自己的努力取得了成功。然而这显然只是部分人的情况。

同时，"隐形天赋人群得自己处理问题"，这种观点也有些说不通。人们都相信在持续而正确的引导下，一个人所能发展出的潜能，比完全让他们仅凭自己单薄的力量前进所获得的发展要多得多。这样，我们就进入了世界著名的"先天与后天"辩论……

"先天"是指你生来就具有的,而"后天"是指你受环境影响获得的。后天会影响潜力发展,因而它的影响力比先天更深远。换句话说,相比较天赋的静态处理方法,动态的处理方法显然更有用。

遗憾的是,我们在日常实践中遇到过太多静态处理导致可怕后果的例子。我们仍在努力让众多家长和老师改变想法:他们仍认为,如果没出现问题,就不应该自找麻烦。遗憾的是,我们总能遇到这种家长和老师,他们在多年后相当无奈地坦白,当初自己真不该这么做……

无法最大程度地发挥潜力确实会带来风险,且有可能是长期性的。孩子们自小就在学校感到无聊,动力全无,变得厌学。很可惜,这样的情况太普遍了。不用说,它还会产生其他影响。严重缺乏认知挑战可能会导致情绪不稳定以及各种身心失调或抑郁症状。

动态的处理方法,即校方进行合适的介入、教育家长并引导他们与隐形天赋的孩子相处、花精力研究如何应对可能出现的障碍,这会让孩子们的世界发生翻天覆地的变化。通过这种方法,孩子们能学习如何利用自己的特质、高效思维能力,并专注于自己感兴趣的领域,从而更好地利用潜力,这都将提升他们的幸福感。

感到沮丧、不被同事理解、过度劳累或倦怠、丧失斗志……许多隐形天赋成年人从未受到过引导，他们的种种经历表明，动态处理方法是相当重要的。因为，即便隐形天赋的成年人通常都非常成功，外界对他们的印象也是他们凭借自己的力量取得了成就，然而老实说，他们仍旧感到，自己一直以来都错失了很多机会，或者从心底感到孤独，因为没有人真正一直"陪伴"着自己。

我们不仅帮助人们提高对障碍的认识，还帮助人们实际解决这些障碍，因为我们有明确的目标——让你更好地发展并利用潜力，这样你就能得到更多机会，这都是为了你自身的幸福。同时你也理解了，这些并非总是理所当然的。当适合你、你也感兴趣的机会出现时，不应该犹犹豫豫，而应该抓住机会、接受挑战。然而遗憾的是，真正不断发生的往往是相反的情况。正因为障碍的出现，人们错过了许多挑战和机遇。隐形天赋人群往往具有强大的辩论能力，这导致周围人丝毫无法察觉他们放弃机会的真正原因。这些隐形天赋人群特有的障碍往往难以被发现，因为隐形天赋人群给出的论证总是如此清晰、尖锐和富有逻辑，你完全无法挑出刺来。

那么到目前为止，我们已经很清楚，隐形天赋人群的辩论能力其实也是破坏他们自身的工具。实际上，这种能力一直都是无形中的操纵者，它使隐形天赋人群无法将现有潜力完全发挥出来。好好想想这些例子，你就能更清楚地明白，为什么障碍训练是如此有用而必要的工具。也就是说，通过这种方式，隐形天赋者不仅更容易发现并抓住机会，他们最终也能学会制造并把握自己的机会。因而很明显，这种方式能刺激他们进一步发展。这就是我们在本书前言中提到的"扩充天赋的机会箱"。机会当然不只出现在工作领域。事实上，我们谈到的这些障碍都不只局限于某个特定领域，而是会出现在所有的领域。

丽芙（36岁）是一位单身母亲，有两个孩子。她在一家大型物流公司工作，是市场部的一名员工。当上司生病不在或者外出度假时，丽芙便接管他的工作，她的工作总能让每个人满意。当大家得知丽芙的上司不久后就要调职时，他们都认为丽芙肯定会接替上司的位置。然而让大家惊讶的是，丽芙表示并不愿调职。她的主要观点是，作为单身母亲，她还要考虑家庭因素。其次，她并不擅长做那个岗位的工作。而且，她对现在的职位非常满意，自己也正面临着足够的挑战。简而言之，这都是强有力的理由，所有人都觉得有道理，因此他们最后也都认为丽芙应该拒绝这个升职机会。

然而，经过仔细分析后，我们就会发现，还是有一些细节缺乏逻辑，也不是那么理所当然。当上司不在时，丽芙总能完美地完成任务、接管上司的工作，同时她也能好好照顾两个孩子。她很喜欢做上司的那份工作，并暗中期盼着上司再次放假离开。当我们向她解释这一点并指出几个可能的障碍时，丽芙表现得很困惑。因为是单身母亲，就不能升职（并拿到更高薪资）了吗？你的工作总能让每个人满意，所以你真的不擅长上司的工作吗？丽芙发现，自己强有力的辩论同时也是自己潜意识里的操纵者，自己也确实遇到了一些障碍。当我们揭露出这些障碍并开始寻找应对方法后，丽芙意识到，自己根本没理由拒绝升职。所幸她争取到了考虑时间，两个月后，她终于下定决心要抓住这个机会。这就是一个"增大天赋机会箱"的生动例子。

　　正如前言中所说，"天赋的机会箱"能够通过障碍训练不断变大，从而产生越来越多的空间和位置，让你可以依据自己的选择和兴趣来一一填满。当机会箱不断变大时，它的主人完全可以自己决定他想创造什么机会，想选择什么机会，以及他想用什么填满这个机会箱。有些人选择只用一个领域的内容填满机会箱，另一些人则选择往机会箱里填进多个领域的内容和多种兴趣。扩大机会箱时，重要的是你喜欢做什么，你擅长做什么，什么能激起你的热情，什么能给你不断发展的力量。简而言之，重要的是你想要什么样的机会，想进行什么样的挑战。

　　这些选择都是因人而异的，别人很难帮你做决定，而且年纪越大越是如此。对年纪小的孩子们来说，家长可以先为他们预设一个机会箱的蓝图，并关注什么障碍可能会给孩子带来风险。上小学后，孩子可以开始有自己的想法，并且可以开始推进自己的主张，这样他们从中学时代起，以及在成年后，就可以自己按照兴趣和热情对机会箱进行规划了。

第六章

隐形天赋者的成功法则

天赋并不能简简单单地，或者偶然地转变为成功。正如顶尖运动员必须不断练习，也必须有能力正确面对失败或者能够在比赛失利后重新振作起来一样，每一个人都应当珍视自己的天赋，必须做出同样的努力，竭尽全力才能发展自己的潜力。

有的人用天赋取得了成功，而有的人虽然知道自己确实有天赋，却无法充分利用它，因此非常痛苦。同那些没有利用好天赋的人相比，成功人士的所作所为有什么本质不同呢？这是个值得思考的问题。在这最后一章中，我们将试着寻找答案。无论如何，这将很大程度上取决于成功人士应对挑战的方式，而这些挑战往往都与天赋有关。换言之，他们有不同的生活方式，也考虑到了自身隐形天赋带来的后果和众多可能性。在过去几年里，我们有机会跟踪研究了许多当前社会中的成功人士，从而总结出了六条法则。这六条法则决定了隐形天赋者的成败。

法则一：发现、接受、尊重并利用差异

人与人之间的差异很大，这也就是说，每个人得到的天赋也各不相同。有些人擅长网球，有些人乐感很好，有些人思维敏捷，有些人擅长园艺，有些人似乎天生就适合照顾病患和帮助有需要的人，还有些人生来就有训练导盲犬的天赋。

凭借天赋获得成功的人，能够看到人与人之间的不同，也能意识到自身的特别之处，也就是那些让他们与其他人略显"不一样"的天赋。他们注意到了这些差异，并设法通过适当的方法加以利用，从而能够实现自己的想法并研发创新项目。他们清楚自己的优缺点，会有针对性地寻找互补性，并通过与一群性格迥异又各具天赋的伙伴的合作，最终取得进步。

有些人能够积极地看待自身的天赋，也知道该如何利用它。他们发现自己思维敏捷、有不同于他人的观点。他们的思维和处事方式与同事们都不一样，并且往往能描述出具体是哪里不同。那些对自己的天赋感到满意的成功者，一步步地学会了如何将他们和别人之间的差异转换成优势。他们极少、甚至不曾因这些差异的存在而沮丧。相反，他们往往在必要时会利用自己的长处去引领、指导和帮助他人。他们知道如何在不影响自己思维模式的情况下集合每个人的才能。当周围鲜有甚至根本

没有人理解他们"敏捷的思维",或者当他们的想法完全无法与他人契合时,这些成功人士仍能获得成功的原因就是自己单干。单干者取得了成功,不是因为他们没有意识到或者不愿接受周围人思维较慢的事实,而正是因为他们能够看见并尊重自身的天赋,以及自己与他人的不同。

也许你会觉得这种自我认识是自然而然的,实际上它绝非一直如此。假设你是比赛中最快的自行车手,那么总有一种标志物,比如终点线,来告诉所有人,你毋庸置疑是最快最强的。而要在一场会议上注意到思维最敏捷的人则难得多。正是这种不清晰性导致有思维优势的人并不总是被很快发现,这进而让他们陷入困境、产生怀疑和感到不安。

若你具有强大的天赋,但无法意识到人与人之间存在不同,就会引起一系列麻烦的后果,比如视自己为标杆、自我感觉异于旁人、社交困难以及沟通不畅。你也许会认为一位跟你观点不同的同事是在和你"对着干"。如果你期待别人也有跟你一样的能力、想法、行为和期望,你必定会感到沮丧、失望和不安。你也很有可能在这些情况下使用一种缺乏建设性的沟通方式。

要真正做到遵循这条法则,首先要明白人的思维速度是有差异的。其次,你需要时间来慢慢学会察觉这些差异。观察、提问、比较观点,以及对想法和见解做出评价,对这方面都有帮助。接下来你可以尝试将这些差异清晰明了地说出来或写下来，以真正理解它们。自己学会观察并最终接受差异，这样获得的能力是很可靠的。它既清晰明了，又能消除不少沮丧和抵触情绪。

能最大程度利用潜力的人，不会轻易在自己的岗位上被时刻要决堤的情绪所困扰。他们接受了思维敏捷度差异的存在和合理性，因为世界本就如此。

隐形天赋人群需要不断练习，以把人与人之间思维的多样性转换成一种优势或力量，而这往往是很困难的。不论是在职场上还是私下里，你都要尽可能多地进行这种练习。渐渐地你就能注意到人与人之间思维的差异，并把这种差异当作优点，从而接受它们，这样也能更好地利用自己的天赋并因此收获更多快乐。

法则二：每一次失败都是进步的机会

在我的篮球职业生涯中，我有9000多个投球没有投中，输了近300场比赛，有26次，大家相信我能投入致胜的一球，但我却没能投中。我一次又一次地失败，而这恰恰是我成功的原因。

——迈克尔·乔丹

一个从不犯错误的人，一定从未尝试过任何新鲜事物。

——阿尔伯特·爱因斯坦

我并没有失败过，只是成功地发现了一万种行不通的方法。

——托马斯·爱迪生

我爱胜利，我也可以接受失败，但最重要的是，我享受比赛。

——鲍里斯·贝克尔[21]

凭借天赋获得成功的人还遵循了一项对他们来说相当显而易见的法则，那就是失败亦是机会，犯错也无非是在提醒他，何为不可行之事。

面对凭借天赋获得成功的人，我们常问他们，什么是你迄

---

[21] 译者注：鲍里斯·贝克尔（Boris Becker, 1967—　　）德国网球运动员。

今为止经历过的最大失败。引人注意的是，他们几乎都给出了一致的回答："失败？啊，我从来没有失败过……"他们常解释说，失败对自己而言，大多是指失去至亲，或生一场大病。一些人会讲述自己的痛苦经历，比如破产或者不得不把公司的一部分转让给别人。但值得注意的是，他们的故事重点都在讲经历了这些痛苦之后的事情，他们是怎样由这次"失败"变得更加强大的。他们逐渐总结出，自己从未经历过真正的失败，因为这些经历无一不让他们越来越强大，成就了他们的今天。他们会说，"它顶多只是让我感到难受"，或者"我其实并没有真的特别发愁过"。凭借天赋获得成功的这些人并没有因为失败（或没能立刻获得成功）而灰心丧气，这让我们感到惊叹。相反，他们总是会进一步寻找能够成功的方法。他们将此视作坚持下去的挑战，相应地，他们能充分利用现有的全部潜力。出现问题？发现未知？这只会激励他们进一步寻找问题的答案。

没有掌握这条法则的儿童和成人不知道如何面对错误。他们越来越多地被对失败的恐惧所折磨，越来越容易表现不佳或过度表现。停滞、僵滞或反应过度，这不过是常见的几种症状罢了。

这条法则阐释了那些成功处理天赋的人和那些难以利用潜力的人之间的显著不同。成功人士把重点放在"质疑"上——

怎样才能解决问题呢？怎样才能避免类似的情况再次发生呢？怎样才能把失败变为机会并从中成长呢？此外，成功人士很少推卸责任。他们不会扮演受害者的角色，而总是在追求提升。

难以遵循这条法则的人则有着完全不同的思考方式。他们把重点放在失败本身，而非放在由此产生的机会上。此外，他们往往有扮演受害者的倾向。他们总能找到外部"控制点[22]"，即把错误推到与自己无关的因素上，他们也就不会因此迫使自己前进了。其实这是他们无意识中形成的自我保护机制，但不幸的是，这极大地阻碍了潜力的发展。

如何才能做到这条法则的要求呢？首先，也是最重要的一点，就是要自己去体会面对错误的方式。试着找出你在现实中是如何面对错误的，以及接下来你是如何应对的。根据塞利格曼[23]的观点，一个人面对错误的方式决定了他接下来的做法（塞利格曼，2006；2017）。那些认为失败具有暂时性和具体性的人，往往最不易放弃。塞利格曼突破性的研究成果中最重要的一点也许就是，这一切都是可以习得和发展的。而你需要迈出

---

[22] 译者注：控制点（locus of control）是心理学及人格心理学的一个维度概念，最初是由美国社会学习理论家的朱利安·罗特（Julian Bernard Rotter）提出。

[23] 译者注：马丁·塞利格曼（Martin E.P. Seligman, 1942— ）美国心理学家。

的最重要的一步便是改变关注的重点和思维方式。寻找每一次失败能够提供的机会，想想如何才能改变局面，将失望和沮丧转化为双赢。

法则三：多给自己一些时间

对于隐形天赋者来说，速度是他们生活的主线。即便一下子就能想到解决方案、灵光一现也能获得好主意，我们仍需要时间把这些方案和主意付诸现实。掌握这条法则的人能够意识到，把想法转化成有针对性的实际行动是需要时间的。你要设置许多中间步骤，要让所有人都认可你的想法，期间也需要不断进行评估和调整。重点在于，不要因为图快而忽视问题，而要选择适合其他人或者整个团队的最快速度。在不断从更宏观的整体角度分析问题的同时，你也需意识到，每个阶段的实现也需要时间和精力。你需要非常耐心，才能顺利完成这一过程并取得良好的结果。

成功的隐形天赋者明白如何以一种他们能够接受且有意义的方式应对时间问题。我们不能说这对他们总是有意义的，因为如果他们单独做这项工作，速度会快得多，然而他们仍尽可能积极地去看待时间因素。他们利用自己强大的思维能力加快工作的进度、做出最好的安排、警惕潜在的陷阱。积极还是消极地利用潜能，区别就在于你如何对待周边人的感受。在进行同一工作时，如果你能感受到、进而接受并尊重他人的体会，然后正确估计对方的思考进行到了哪一步，这样你便可以准确预测任务整体需要花费的时间。

很多成功的隐形天赋者会同时兼顾多个项目，这主要是为了控制好"节奏"。通常情况下，事情都进展顺利，但问题在于，隐形天赋者会越来越觉得只有事必躬亲才能得到（他们认为的）正确的结果。这会导致工作过量，最终演变成过度劳累或出现类似的症状。如果以健康的方式同时管理多个项目，即在此过程中扮演思考、策划和调整的角色，便可以非常有效地利用时间。用这种方式可以让成功人士发展自己的天赋，并鼓励其他人按自己的节奏完成其他步骤。"自己选择战场"也是我们常见的重要应对方式。

马尔科（57岁）经营一家物流公司已经超过25年了。在过去的15年里，他一直致力于公司的扩张、发展，以及收购其他公司。有一次，他又收购了一个小公司，再次进行了扩张。显然，现在他需要一个新仓库。马尔科多年来一直在为这次收购做准备，几年前就在黄金地段购买了一大片工业用地。在他的领导下，他的管理团队提出了建立新仓库的提议。他对此感到非常高兴，因为他对这次扩张已经期待好多年了。接着他们又讨论了仓库的规模。马尔科早就在自己脑海中想好了仓库的规模，还列出了一系列理由。然而，在董事会的提案中，仓库的规模只有他设想的一半大。他们附上了一份详细的财务计划书，从这份计划书来看，这确实是最理想的规模。马尔科尝试用他准备好的理由去说服董事会，但无济于事。

此时就需要用"自己选择战场"来应对。马尔科可以选择无视董事会，把仓库规模扩大一倍。毕竟他非常确定，新的扩张一旦成功，财务分析中就会出现充分的参数，足以证明他们需要更大的仓库，而目前的财务分析并没有将这些参数囊括在内。如果仓库的规模太小，之后需要扩建，那工程会比现在直接建造一个大仓库耗资更多。马尔科现在必须做出选择：要么他坚持自己的想法，如此他同董事会之间一定会产生嫌隙；要么他同意建造一个小仓库，尽管长期来看花销更大，并且公司发展会暂时放缓。他选择支持董事会的提议。仓库建成大约半年后，马尔科的预言成为现实：大家开始讨论是否需要扩建仓库……

马尔科告诉我们，他还有过很多次类似的经历。但他并不想过多地考虑这些事，因为那样只会让他沮丧。在此期间，他学会了更谨慎地选择自己的目标。前文提到的收购，就是这样一个他已经完成的目标。他花了四年时间让他的团队接受这次收购的想法，他不想因为仓库过小而搞砸这件事。等后来扩张成功完成后，人们发觉显然还有一些后续工作要做，那时他做起决定来就容易多了。

马尔科是个灵活的人,他知道董事会最终也可以实现他的目标,尽管他考虑得更有战略性和前瞻性。每个人都有不同的天赋,这只是一个付出和回报的问题,过程中出现的耽搁不过是它的一部分。显然,将新想法贯彻落实所花的时间让马尔科感到困扰,但他尊重别人需要更多时间这一事实。没有什么是十全十美的,他说,有些人就是需要先去亲身经历才会相信。

相反,如果你因为时间太久而沮丧,并且想要加快进程,那么失去支持就是意料之中的事。也许你是第一个到达终点线的人,但你会发现没有人能跟得上你,其他人已经找了一条自己的路,那条路或许也很顺畅。

法则四：机会藏在兴趣里

我们看到，成功运用自己隐形天赋的人会接受大量挑战，并且很快离开自己的舒适区。他们自己承认，这对充分利用和发展潜力来说十分必要。他们会确保隐形天赋的认知特质能一直得到满足，希望能够不断学习和成长，他们选择前进、避免停滞。我们一次又一次留意到他们工作时的快乐以及他们对此展露出的极大兴趣。他们在工作中也在寻找机会。什么吸引我？我擅长什么？我想做什么？什么给予我力量？这些问题的答案几乎都能从他们的工作和专业选择中找到。他们在寻找过程中体现出的积极性令人印象深刻。

然而，如果你难以离开舒适区，你就不敢冲破束缚你的藩篱，只愿待在熟悉的环境中。也许这样会让你有安全感，但多数情况下你无法感到满足。那种"你的能力原本可以超乎你想象"的感觉会不断折磨你。

学会应对这一定律主要在于两个方面。一方面，你应该尝试着学习离开舒适区。另一方面，你需要了解，隐形天赋人群是怎样看待他人的认知的。我们就这一问题做进一步探讨。

在第一章中，我们解释了隐形天赋人群具有特定的认知因素。这与动力和创造力有关。归根结底，隐形天赋人群的求知欲和想要实现某件事的渴望十分强烈，仿佛是一种原动力。别人为隐形天赋人群所提供的事物不仅应激发他们的兴趣，还应在难度上有足够吸引力，这样他们才能表现和发展自己的潜力，这一点很久之前就非常明确了。

我们之前提到过一项针对300位隐形天赋成年人的调查，这项调查结果表明，五分之四的受访者认为自己的能力和他们的工作要求之间存在差距。深入采访显示，这种差距主要是由于环境提供的认知水平过低所致，这对隐形天赋人群的幸福感有很大影响。如果我们对比学校里的情况，会发现类似的情况。如前所述，隐形天赋儿童对某一领域的求知欲特别强。如果他们没有得到足够的认知教育，极有可能会导致他们感到无聊和缺乏动力。这一点已经被全世界的广泛实验所证实。许多有关求知欲的科学研究会均指出应该如何调整系统，或者什么样的针对性教育会产生积极的效果。我们通过对这些系统和针对性教育进行透彻的分析，总结出三种可能的方法：加速、增量和提高复杂度。这三种方法可以保证对孩子的认知教育。

学校一般会为孩子提供加速的机会。这里的加速指的是跳级，比如从三年级直接升到五年级。在法兰德斯和荷兰，大多数的加速发生在初级教育阶段。经常有人问我们，对于有天赋的孩子来说，加速是否是一种好的理想的针对性教育。在天赋研究界，众所周知的是，加速定然有其优点，并且对孩子的认知能力和社交幸福感有积极影响。但是要注意，这并不是一条普适的规律，因此并不适用于所有的隐形天赋儿童。另外，加速在认知层面上的作用仅仅是暂时的。孩子跳级后会面对很多认知挑战。他们会遇到许多不熟悉的事物，以致大脑高速运转，这对他们来说通常是很愉快的。但是一旦他们赶上了教学进度，这种加速的效果就不复存在。毕竟所有的新知识都已经被消化，接下来要学的知识看起来也并不比上一个年级的难。

孩子逐渐适应加速后，我们通常会看到加速前的症状再次出现，无聊和缺乏动力的风险也再次产生。加速主要在社交层面有长期的积极作用。那些带有正直和理智加速的隐形天赋儿童，大多有些早熟，因而同比自己大的孩子更有共同话题。但我们必须强调的是：不是每一位隐形天赋儿童都擅长社交，所以必须始终谨慎对待加速。无论如何，加速在认知层面上的作用是暂时的，这是一个事实，其原因是所学内容的难度和复杂度没有得到提高。

我们在职场的专业性工作中也看到了加速。那些经常在事业上加快步伐的年轻人就是相似的例子。在很多情况下，职业轨迹上的加速并不一定会让事态更加复杂，因此正如在学校里一样，这种干预只会产生暂时性的影响。一种类似的现象常出现于职场中，那就是跳槽。许多在工作中感到无聊的隐形天赋成年人尝试通过重新选择工作解决问题。刚开始，新工作几乎总是充满挑战。一切都是新鲜和未知的，可以从中学到很多东西、必须查找大量资料，海量的新事物涌向你，因而可以通过加速来满足求知欲。但是，挑战主要存在于"新事物"里，因此，如果不增加复杂性，这种影响大多情况下只是暂时的。一旦掌握了这些新事物，他们也许很快会再次变得无聊，也许又要换工作了……

很多学校尝试让隐形天赋孩子也做些额外的事，这就相当于扩大（他们任务的）量，来取代加速。但是我们一定要极其警惕地对待"额外"。毕竟，这些孩子极有可能只会得到更多同样的任务。有些隐形天赋孩子觉得额外任务很有趣，认真且带着微笑完成老师要求的事。但是，有些孩子觉得这些任务完全没意思，也不公平。例如，如果他擅长算术，结果他不但得到了更多的练习题，这些题还都一样，那么他凭什么还一直认真地做呢？另外，这些练习也让人疲乏，常常让人没时间做更有趣的事。

我们在职场中也看到类似的现象。隐形天赋员工经常说他们很快就能完成自己的工作。一些人通过多做一个项目或任务来解决这一问题。其他人则以比要求还要细致的方式完成工作来满足对成就的渴求，毕竟，他们有的是时间。还有一些人通过做与工作无关的有用或者有趣的事来填满他们多出的时间，比如为伴侣的公司做笔记、组织同学聚会或写食谱。

一切似乎都很顺利，刚开始时还很有挑战性，但是我们再一次看到，这种情况大多是暂时的。毕竟难度并没有再增加，工作量虽然有所增加——有时以一种极具创造性的方式，但是一段时间以后，也会让人感到非常疲惫且不甚满意。

隐形天赋者首先需要增加认知方面的复杂性，才能产生持久的动力。学校对其的应对方式，首先要建立一个把任务凝练化和丰富化的系统，把隐形天赋人群与其他人区别对待。第二步是开设袋鼠班或培优班。区别对待意味着班级中能力强的学生得到更多的学习材料，其中仅包含少量、或不再包含已经掌握的学习，从而腾出空间给难度更大的练习。这种方法对于班级中所有的优秀学生都是可取的，在有些优秀班集体中，这会涉及到20%的学生。对于一部分天才型学生（大约占全校学生的3%），他们没有通过区别对待体验到足够的认知挑战，许多小学会开设袋鼠班或培优班，让这些学生每周少上两节常规课程，腾出时间上更难的课程并从中受益。这可以为他们日后在发展工作技能和学习态度上提供更好、更有针对性的引导。

在职场上，也应该提高难度来尽量避免天赋异禀的人感到无聊和缺乏动力。遗憾的是，我们常常看到，为了克服无聊感和动力的缺乏，人们通常选择加速或者加量的方式。第三种，也是最重要的方法，即增加难度，却大多不会被采用。

雷欧妮（29岁）是一位年轻的工程师。她已经在一家工程公司工作了几个月，并且很想接受更多挑战。她的老板看到她具有很大的潜力，且富有动力，便找她谈话，并表示给她准备了很棒的挑战。迄今为止，雷欧妮主要从事冷却系统的工程设计，但她的老板想让她扩展工作领域。公司计划在几个月内为所有客户进行快速的能源检测。通过这种能源检测，该公司希望以一种快速有效的方式来发现哪里还能让客户节省大量能源，或者以何种干预手段让客户实现节能。老板把这个项目交给她，她立即对此充满热情，并富有动力和奉献精神地着手推进。单单因为这是一个新事物，她就深深被吸引了。雷欧妮的优势主要在于她有很强的分析力和创新力，并且能跳脱出常规思考，但她也具有出色的数字洞察力和大量的实质性知识。她也能够与人沟通合作，只不过她最大的天赋不在于此。能够运用自己强大的天赋，雷欧妮总体感觉很好。她为这项工作做了大量的调查研究，与生产商讨论可能的节能应用，计算节能和投资回收周期，并形成标准报价。雷欧妮自己说，她适度地利用自己的优势来完成这项工作，但这一任务（就其优势而言）还不够复杂。她在很大程度上利用的是自己相对弱势的方面,她觉得这项工作在这方面对她的要求已经超出了她的能力。

最终,雷欧妮确保了这项优质、新颖的服务的开发,用极为高质量和全面的方法设计了一切。此后不久,老板问她是否考虑也做能源检测的工作。起初,雷欧妮觉得这很有吸引力,但是老板现在不那么满意了。雷欧妮在能源检测上工作得过于细致,乃至有违这项工作的本来目的。结果,她为客户提供了过量的信息,客户因此不再和雷欧妮的公司进行他们下一个项目的合作。这意味着这项服务完全不符合客户的目标。雷欧妮开始调整自己,她的态度也由此发生了变化。她尝试在尽可能短的时间内做尽量多的能源检测。老板对此很满意,并允许雷欧妮做越来越多的这种检测(即扩充工作量)。然而,雷欧妮在优化了工作速度后,完全失去了兴趣,因此她越来越多地发挥失常。过了一段时间,老板让她重做能源检测并告诉她需要调整的地方,但是雷欧妮再也找不到做这件事的精力了,她离开了这家公司。

错误地利用天赋会降低当事人的积极性。老板想要通过能源检测给雷欧妮更多挑战,但是他错误地评估了雷欧妮最强的能力,使她倍受限制。为了克服无聊感,她深度研究能源检测工作,因而给了客户过多的信息。事实证明这样做不对时,她就通过提高效率、做更多的能源检测来增加工作量。但是，当她把这一切都试了个遍之后，就再也没有精力了，这种情况（一般很难被察觉到）总是非常消耗精力，常常造成过度疲惫和/或过度无聊。结果是，公司失去了一名很有价值的员工，这是双方的损失。

在此，我们要强调的是，只有在加速、增量和提高复杂性之间找到平衡，才能得到一个各方都满意的解决方案。为提高工作动力而在工作内容上必须增加的复杂性百分比因人而异。对于把90%的时间都花在高难度工作上，的确有天才乐在其中，但这些人只是特例。大多数人满意于只花10%到20%的时间。这意味着每周有半天到一整天的时间用于复杂性更高的工作。重要的是，你要根据隐形天赋员工感兴趣的领域和优势来协调任务的选择。比如说，喜欢分析性思考且擅长于此的人，需要的是一些要求具有出色分析思维的任务。所以，这其实并不难——问问你自己真正擅长什么，真正喜欢什么，确保难度有所提升。

法则五：找到适宜成长的环境

对于成功运用天赋的人，我们可以确定，他们所处的环境很大程度上是他们自己选择的。自主选择的环境满足以下几个标准：充满挑战、在必要时能激励自我、可以有机会让自己享受工作并有应对挑战的可能。观察隐形天赋人群如何经常主动寻找能让自己发展潜力的环境，再次令人印象深刻。当然，环境永远不会百分之百称心如意，多种应对机制和"自己选择战场"的原则是必不可少的。总体而言，"理想的环境"富有机遇，还能让隐形天赋人群在其中发挥潜力。一名能自如且成功地运用天赋的隐形天赋者，一旦对所在环境或公司感到无聊，就会跳槽。跳槽在这里其实另有目的——找到有针对性的机会，为个人事业和发展打下基础，而不是因为感到无聊和丧失动力。

通过我们的学术研究和广泛的实践经验，环境因素的重要性早已突显出来。环境一直是一个人的隐形天赋能否转化为绝对优势的一个决定因素。因为这本书主要针对的问题是个人如何用自身特质造就成功，也因为我们不愿一开始就把内容限制于环境里潜在的障碍，到现在为止，我们对"环境"这一因素说得还很少。但是，毋庸置疑，环境确实会影响隐形天赋者如何应对自己的潜力。

对环境的合理期待

艾利克斯（4岁）目前上幼儿园二年级（相当于荷兰的二年级）。他自我感觉很不好，不想上学，在学校的表现也不如在家里。父母看艾利克斯在课上画的画，远不如他在家里画得漂亮、细致，完成度也很低。在学校艾利克斯拼20块的拼图，多于20块的就不想拼，但他在家里却会拼100块的拼图。此外，他还会在班里调整自己的用语来适应其他孩子。放假期间，艾利克斯说话很流利，但去了学校一周后，他的用语就发生退化，行为举止变得更加幼稚，这一点在他突然缩减的词汇量上表现得尤为明显。由于艾利克斯的情况越来越糟，父母决定让他去另一所学校，在那里人们会给予能力强和表现不同寻常的孩子更多关注。他可以跳一级，并在必要时接受差异性教育（包含更难的课程）。接受了这些针对性教育三周后，艾利克斯又能开心地上学了，他的用语得到了改善，他把遇到的困难视为挑战，并迎难而上。在父母眼中，他又变成了一个快乐的孩子。

这个例子清楚地表明，周边人群对艾利克斯的反应方式，以及他在这些反应中得到的认知回馈，都对他的身心发展产生了重大影响。周边人群能够激励他去完成更艰巨的任务，协助他培养为此所需的工具和技能，并且理解他的行为方式。艾利克斯提出的许多问题不再（像在他原先的学校时一样）被忽视，而是被视为帮助他步入学习进程的工具，并最终帮助他取得成功。

汤玛斯（28岁）毕业后在一家大型建筑公司做商务工程师。由于他一开始便能很好地领导小型建筑项目，人们很快发现他具有巨大的潜力。他的老板几乎立刻给了汤玛斯一个与他一起开发大型项目的机会。汤玛斯可以独立完成的工作，老板会让他自己解决，并在必要的时候纠正他。几年后，汤玛斯的老板获得了很大的晋升，他指定汤玛斯来继任他的职位。年纪轻轻的汤玛斯就这样成为公司所有建筑项目的总责任人。故事至此还未结束，他的老板还鼓励他参加各种培训课程，并去公司的国外分支机构实习。这样，他就能进一步开发自己的潜力，并且可以接受公司其他领域和方面的培训。汤玛斯每次回国，都必须向老板进行全面详细的汇报，老板以此来确保汤玛斯的进步，并确保他的努力方向一直是他最感兴趣的领域。长期以来，汤玛斯的老板都在激励和引导他做出正确的选择。

显然，汤玛斯能在这样的公司工作，能够拥有这样的老板，是非常幸运的。他们为汤玛斯提供了很多机会，并屡次激励他发展自我和拓展学习。他们本身也是汤玛斯的好榜样。汤玛斯本人热爱他的工作，也能够将自身潜能完全发掘出来。

由此可见，在开发潜力方面，你完全能够期望周边环境和人群给予帮助。每所学校都应按照艾利克斯例子的后半部分中所述的方式对待隐形天赋的孩子。不幸的是，现在的情况不尽如人意。作为父母，你有两个选择，一是选择让孩子留在对隐形天赋的孩子不提供任何帮助的学校，二是选择去一所非常关注隐形天赋的孩子，并为其制订正确对待方法的学校。艾利克斯的父母显然选择了后者。

情况在汤玛斯这里也是如此。并非每个公司都会以同样积极的方式对待他们的表现不同常人的员工。如果你当前所在的公司没能采取上述的方法，那么你随时可以选择在当前公司中更换岗位，或者在另一家公司中寻找新的挑战。如果你清楚应该关注哪些方面，就有机会找到这样的工作，即工作环境很适合你的个性，周边人群会尝试为你提供一切机会来发展你的智力才能。总而言之，一定不要做在温水里被慢慢煮死的青蛙。

不要过分依赖环境

露丝（27岁）已经在一家审计事务所工作了几个月。她以经济学者的身份毕业，梦想着尽快成为一名商业审计师。她的上司在事务所已经工作了30多年，并且在同一职位上工作了近30年。几个月后，露丝渴望有更多挑战，在与上司的一次谈话中，露丝询问她可不可以参与其他附加的任务，或者能不能偶尔协助完成更大的任务。然而她的请求马上被拒绝了。此外，她的上司还找到领导，把露丝形容成一个自以为无所不知的人，说她想超过所有人，总认为自己什么都做得比别人好。露丝再三尝试在工作中寻找更多挑战，但都是徒劳无功。两年后，露丝动力耗尽，只得放弃。

很明显，露丝周围的人对待她的方式，与汤玛斯的恰恰相反。这种方式必定对公司和露丝造成负面影响。

在经历了这种消极对待几年后，露丝在埃克森特拉与我们相遇。在这几年里，她屡次经历相似的情况。她对社会感到非常失望，言行透露出刻薄和不满。当我们与露丝交谈时，能明显看出，她对商业界产生了反感，并由此演化为对整个社会的反感。她在谈话中多次重复自己鲜明的立场——社会必须自我调整，来适应总人口中仅占3%的人才，因为这些人成就了我们社会97%的创新。然后，露丝继续讲述她的故事，她描述了自己在从事过的各项工作中经历的不快：周围的人群一次又一次错误地对待她，她感觉身边的人真的愚蠢至极，以致露丝频频需要直接反驳同事或老板的偏见。"如果这就是你们的建议，而你们拒绝看到它们有多么无用，那我觉得再为你们工作下去也没什么意义了"，或者"你要是真以为我不知道你在和我玩什么把戏，就不配坐在那个位置上"，还有"如果你们不想点更好的主意，那么这次会议就没有意义了"，等等。

在这里，显然是"交流"和"视自己为标杆"的障碍在作祟，但是情况更加复杂。由于许多糟糕的经历，露丝逐渐有了一种消极的态度。她一次又一次地把自己的失败归咎于周边的人，别人屡次对她的不理解，使她越来越消极。不可否认的事实是，露丝工作的环境既没有激励她，也没有回应她的需求。而这一缺陷正是由她的公司造成的。但我们必须明确一点的是，露丝对周围人群的期望过高了，最终受伤的只会是她自己。露丝每次都希望她周围所有的人都能和她一样快速地思考，因为她将自己视为标杆，所以她觉得周围人适应她才是正常的，不管后果是什么。

和之前一样，我们也可以将这种情况与体育界进行比较，比如跑步。在一组跑步者中，有一个参与者的水平明显更高。他跑得比其他人都快，耐力也比其他人好很多。这个选手每次领先，都要回头看，他的肢体语言明显在说："你们不能跑快点吗？不能再努力点跟上我吗？"其他人自然对此感到不开心。即使他们想跑得更快，也不是想做到就能做到的，因为他们的耐力不是很好，就算能加速，也会由于疲劳马上停下来。因此，这一组人继续以正常速度前进。领先者再次回头，看起来十分恼怒，大喊道："跑快点儿，拜托，我都快睡着了！"并表现出失望透顶的样子。在听到他的话后，其他人就算没有失去跑下去的意愿，也至少肯定会认为领先者是一个很傲慢的人。他们觉得他自视甚高和自命不凡，更觉得他对他们很不尊重。"慢跑组"的大多数选手通常很快就能意识到，他们跟不上那位领先者的节奏。作为快跑者，你要么调整自己的速度，跟其他人同行，要么一个人按自己的速度跑，然后在训练后愉快地在露台上和他们一起喝点东西。

如果我们将跑步者的例子与陷入困境的天赋异禀的人比较，那么天赋异禀的人通常都认为其他人"思想较慢"，而他们本应思考得更快。这些有天赋的人希望其他人能够适应他们，一旦不如所愿，他们就觉得这是其他人有意为之。所以这些有天赋的人经常（不自觉地）表现出快跑者那样的傲慢自大，就像露丝对她的雇主们那样。

如果你对那些能够成功开发自己的潜力，并感到被社会接受的天赋异禀的人说："社会必须自我调整，来适应其中3%的天才，因为这些人成就了我们社会97%的创新。"大多数情况下，他们完全不会同意这一说法。原因有两个，首先，这种说法将把天赋转化为成功的责任都放在了社会和周边人群身上，而对自己的成就和在社会中的工作感到满意的隐形天赋人群根本不会、或者很少这样做。他们明确表示这应该是共同的责任。他们自己寻找机会，并以尊重他人的方式处理自己和别人之间的差异。其次，尽管成功的隐形天赋人群也相信，许多创新最初确实是由天才构想出来的，但他们也意识到，97%的这些创新都是需要很多不同的、拥有不同天赋的人共同努力，才能被实现并推广。为了真正把创新转化为现实，所有人都需要努力。

发展水平相当的人带来的刺激

多年来，全世界都认同一点：与发展水平相当的人或者其他的快速思考者建立联系是很有益的。这是一个非常有激励作用的环境因素，可以帮助你进一步发展才能。一些人在学校就获得了这种可能性，例如在袋鼠班或课外班上。同时我们在工作环境中也经常能看到快速思考者占据上风的情况。

如果学校或公司没有这类你急需的发展水平相当的人，那么你最好目标明确地去寻找他们。孩子们可以在课外活动中找到他们，成年人则可以在某些兴趣爱好组织中寻找。但是，你的大部分时间还是要在学校或单位度过的，因此，我们建议你在学校或单位内部，积极寻找能够为你提供必要的同水平人群的场所。无论如何，我们每天都能看到这么做所带来的积极影响。

根本性怀疑

天才儿童的一个典型特征是,他们经常会有一些意料之外的超前行为。因此他们有时与其他孩子有很大的不同。父母往往是最后意识到自己孩子的认知与实际年龄不相符的人。通常,是周围的人使他们意识到这个事实,比如孩子懂得很多、谈吐得体、能很快理解新事物、会问问题等。然而,有时这些父母会因此受到怀疑。别人会怀疑他们以某种方式逼迫孩子。不然该如何解释他们的孩子已经知道和会做这么多事了?

在这种情况下,有些人会更进一步,让孩子接受测试。他们从一个完整的测试程序开始,来看这些知识是孩子真正掌握了的,还是被父母强迫灌输的。他们会对孩子提出各种各样的问题:你会读这个词吗?你知道这个恐龙的名字吗?这幅画是你自己画的吗?等等。有时孩子喜欢展示自己的能力,但有时孩子也会感到他们必须不断证明自己。"他们为什么不相信我?"这就仿佛是孩子必须一次又一次地为自己的能力和知识正名。

这种情况通常贯穿一生,"遭遇周围人的不解"。这种根本性怀疑阻碍了他们发挥潜能。当然,他们并不会直接使用这些词语,但他们的故事总是有相同的旋律。我们称这种机制为"根本性怀疑"。他们常常在很小的时候就经历过这种根本性怀疑，这种怀疑在他们的成长过程中不断强化，甚至待他们成年后仍在加强。

有些人刚上小学时就已经受到了根本性怀疑。以数学加法为例。有数学天赋的孩子经常跳过老师教授的中间步骤，根本不会使用拆分方法来求解7 + 8的结果。也就是说，寻常的拆分方法是将8拆分为3和5，因为你应该首先进行7 + 3=10，然后将10加5，得到最终结果15。大多数学生刚开始都要借助这种方法才能解决上述的加法题。但是，相当多的高天赋学生能直接得出7 + 8=15，他们真的不需要使用任何方法。孩子在考试中略过了中间步骤，并在10道题中做对了8道，他最终会得多少分呢？零分。孩子完全无法理解，他的结果不都是正确的吗？但是，老师却认为这个孩子还远远没有掌握加法运算，因为试卷上没有中间步骤，而这是解决问题的必要步骤。

这很好地展现了孩子是如何被怀疑包围的：跳过中间步骤，你真的能做对吗？现在数字很小，也许你能做对，但以后会计算更大的数字，你又该怎么办呢？通过这种方式，老师隐隐地表达对孩子的怀疑。除了受到根本性怀疑之外，孩子还发现自己必须为自己的能力和思维方式辩护。但是父母也不相信他。在孩子上一年级之前，如果父母觉得一年级数学的难度很高，也会对孩子产生非常强烈的怀疑。孩子在学校和家中都感受到被冤枉，很委屈。

　　隐形天赋孩子也经常在其他方面遇到这种根本性怀疑。毕竟，对于他们提出的另类的复杂的问题，无论他们再怎么深入思考或不断追问，通常都得不到合适的答案。如果妈妈来自姥姥，姥姥来自太姥姥，那么第一个妈妈是怎么来的呢？恐龙灭绝了，那人类什么时候灭绝呢？成年人常常觉得自己是在被迫回答这些涉及存在主义的问题，他们的反应有时甚至是满脸狐疑："你成天都在想什么？根本没必要这么想吧？快去玩吧！"

　　在学习方面，许多有天赋的孩子经常面对这种根本性怀疑。在小学阶段，他们只需要付出非常有限的努力，成绩就很像样，甚至可以说是优秀。父母则会逐渐感到恐惧，因为他们担心在小学期间，孩子是否在学习方法、计划和组织能力上做好了充分的准备，以应对中学的学业。

　　父母常常怀疑孩子的学习方式："你准备好了吗？你真的能做到吗？你确定这样能行？"父母也往往会惊讶于孩子在忽视学习的同时，依然能取得好成绩。

　　孩子的第一反应通常是："你看我这不是能做到了吗！"但是，这并没有改变事实，即父母的态度确实给孩子带来了不安和怀疑。根本性怀疑已经被系统地建立起来了，孩子也已经经历了这种怀疑。

这种情况很危险，因为如果孩子真的得到了较差的结果，他将缺乏信心来改善令人失望的结果或不恰当的方法。

就算是天赋异禀的孩子，也迟早要付出更多的努力才能取得优秀的成绩。为此，他们必须开发有效的学习方法、花时间学习和重复以做到融会贯通。但是，经历了多年的根本性怀疑，孩子在关键时刻失去了所有的勇气，他不相信自己可以扭转局面。

在少年和青年人的成长路上，他们不断地面临着根本性怀疑。

乔纳斯（22岁）："14岁时，我和我的朋友们经常当保姆赚零花钱。我当时想建立一个网站，在这里年轻人可以注册成为保姆，并刊登自我介绍。家长可以在网站上快速查询保姆信息，并根据自己的偏好预订保姆。我需要资金来开发并宣传该网站。一些朋友想帮我，便注册加入了。但是我觉得他们并不是真的相信我能成功。我周围的许多人认为这是浪费时间，其他人则无法想象在网上预订保姆。身边人的不支持、不认可给我带来沮丧情绪，最终导致我很快关掉了网站。时至今日，我也并不觉得我的想法奇怪或难以实现。如今，无数的应用程序和网站以我当初设想的方式工作着。但我决定就这样吧，机会已经流失……"

彼得扬（15岁）高中时有着明确的、偏重科学的学习方向。

在物理课上，学生会学习根据特定系统解决问题的方法：给出了什么条件、提出了什么问题、需要什么公式、如何应用所学方法来得出解决方案。在某次物理考试中，彼得扬完全被所学的方法搞糊涂了。他坚信，课上学习的方法无法解决试题。据他说，给出的数据太少了，所学方法也无法提供正确的解决方案。因此，彼得扬回归到他在物理课上学到的理论知识，以及由于个人兴趣而在课外掌握的知识。经过一番思考，彼得扬设法仅用两行就写出了正确答案。他采用的是老师尚未讲授的方法，但他认为这非常适合解决该问题。

考试结束后，同学们开始讨论自己是如何运用课上学习的方法来解决问题的。彼得扬坚信这是不可能的，并解释了自己的思路。但是，没有人跟得上他的推理，都认为他是错的。彼得扬遇到老师时，禁不住和她讨论了这个问题。他清楚地表明，使用上课所学的方法是不可能解决该问题的，但他的确想出了解决方案。老师也没有理解他的推理，并和其他学生一样，立即否认了他的观点。彼得扬变得非常不安，但仍然坚信自己是对的。他感到失望和愤怒。老师也没有回应他的分析思路，她只是应付地说这确实有可能是正确的。彼得扬还觉得老师对他说的话不感兴趣。他甚至从她身上感到了不安，并认为她想迅速逃离这场讨论。

这件事持续困扰着彼得扬，他很期待考试结果。当老师公布考试成绩时，她向彼得扬道歉。因为该问题确实无法用课上所学的方法解决，解题所需的方法甚至在课上还未讲述过。彼得扬是唯一找到正确解决方法的人，老师再次为她的错误表达歉意。

彼得扬的大学课程中也有物理学，由一位他很喜欢的教授授课。彼得扬认为这位老师知识渊博、有良好的教学风格，并因此很尊重他。在一次口试中，他要求彼得扬复述课程中最复杂的部分。这是一个开放性问题，彼得扬给出了详细的回答，并展示了一张理论定律的汇总表。老师又问了很多额外的问题，主要是跟汇总表相关的。彼得扬闭上眼睛，给出了完美无缺的答案。老师请彼得扬看着汇总表：毕竟不看着图表分析，是不可能回答问题的。但彼得扬解释说，对他来说并不是这样的。该图表是由许多理论定律得出的，当他闭上眼睛时，眼前会浮现出这些定律，他可以运用这些定律来回答问题。老师再次强调这是不可能的，但彼得扬闭上眼睛，再次对其他问题给出了完美的答案，这令教授大为惊讶。或许彼得扬已经背下了这张图？

在考试的最后，老师的疑问使彼得扬对他的尊重大大减少。彼得扬对教授非常失望，再次受到了对自己能力的极大的根本性怀疑。很显然，这位教授本人需要采取一个中间步骤：首先使用基本定律得出汇总表，然后继续推理，得到答案。彼得扬不需要这个中间步骤，但是教授并不相信他。

这种根本性怀疑对彼得扬的发展产生了消极的影响。你会觉得他肯定知道，他只需要很少、或者不需要中间步骤就能找到解决方案，但事实并非如此。他变得不自信，怀疑自己到底能干什么。如果我们研究这个过程，第一印象会觉得彼得扬自己可能已经意识到这件事了，而现实完全不是这样。彼得扬并没有意识到他的教授需要中间步骤，而他却不用。教授说不能那样，这让彼得扬不知所措。于是，他就怀疑自己的思考方式，不知道要怎么学物理。毕竟，在彼得扬眼里，教授什么都知道。

在成年人的生活中，也时常出现来自身边人的根本性怀疑。一个人应该坚持到什么程度？想象一下，你思考问题的独特方式让你产生了别人无法认同的想法，于是你每次都要应对他们做出的根本性怀疑。这也能够说明，史蒂夫·乔布斯需要多么努力才能实现他的想法。为了能够发展苹果公司（Apple），实现他的雄心壮志，他需要坚定自己的想法，不断跟越来越多的反对者进行抗争。很明显，从此以后他的继任者需要付出很大的努力，才能把他所开拓的道路继续走下去。改革家和大思想家必须要经得住"根本性怀疑"的考验，而且还要继续前进。

想一想那些我们曾经听说过的杰出艺术家、作家或者诗人，也都有过同样的遭遇。文森特·梵高领先了他的时代多少？如今，一切跟他的作品有关的东西都价值连城，然而他在世时却面临着巨大的财政困难。根本性怀疑不仅出现在我们熟知的天才身上，在实际生活中，隐形天赋者也经历着同样的困扰。

赫尔曼（50岁）在一家大型咨询公司工作，和他的团队一起负责为一个纺织行业的公司寻找接手的买家。他的同事努力在纺织领域的公司中寻找潜在的买家，因为在那里更有可能找到愿意接管的公司。这种方式可以扩大商品范围和市场。赫尔曼却认为，他同事的提议并不可取。因为潜在的买家并不局限于纺织行业。他推荐了一家可能对此感兴趣的物流公司。他的同事当然觉得由一个物流公司接管这个企业是不可能的，所以不想再继续向前推进。赫尔曼完全不理解这一行为，他做出了彻底的论证，想证明他的提议是切实有效的，但是当他多次受到同事的根本性怀疑的冲击后，他也就放弃了自己的想法。最终，另外一个很有竞争力的咨询公司处理了这个公司出售的业务。几个月后，赫尔曼在报纸上看到，当初他推荐的那个物流公司成了买家。他经验丰富，而团队内其他成员却经验不足，所以他的业绩经常是其他成员的总和。

无论你承认与否，隐形天赋人群现在一路领先。他们激励、创新、创造，不仅在职场中，也在政治、艺术、哲学、医学等领域。然而，大多数富有才华的、想法独特的人一直面临来自他身边的人的根本性怀疑。显然，这会让他拿不定主意。这就需要他拥有强大的说服力去坚持，忽视根本性怀疑。如果你意识到了这一点，就应该每天都鼓起勇气，学着摆脱既有路线。你越能够脱离根本性怀疑的包围，越能够有良好的表现。去寻找一个几乎没有根本性怀疑的环境吧，在那里你有更多的支持者而不是反对者。

　　对孩子们来说，重要的是当他们展现了超出年龄的知识与技能，或者提出别出心裁的想法时，又或者给出了出人意料的创造性解决方案和可能时，能尽快地受到鼓励。越被根本性信任包围，孩子就越能够自信地确定他是谁、要做什么。父母应当是第一个负起责任去相信他们孩子的才华的人。根本性怀疑经常是由恐惧导致的，恐惧从来都不是一个良好的人生导师。根本性信任让潜能能够发挥作用，并为其他人甚至整个社会都做出贡献。

法则六：情绪亦是力量

情绪是好事，是生活的一部分，情绪只会让作为人类的我们的内涵更加丰富。情绪也是我们必须学会诠释的信号，它可以帮助我们铸就丰富而迷人的生活。我们在这本书的开头详细描写到：隐形天赋的放大镜作用，能够使隐形天赋人群的情绪变得更加激烈。

情绪能够激发、强化你的潜能，但它也会成为问题，阻挡潜能的发展。它们可能会导致你最终做出的决定，不是你真正想的或者本来对你更好的选择。

那些利用天赋取得成功的人，也同样会有强烈的情绪，但是他们懂得如何将它们转化为一种力量。他们把情绪当作晴雨表，甚至可以利用它把消极的情绪变成积极的。比如说，很多成功的隐形天赋者告诉我们，当他们在面对根本性怀疑时，他们的脑袋就像发动机一样被启动了，他们的思维高速运转，想法迸发，做出的分析的深入程度是他们之前从未达到过的。他们还会弄明白构建他们强烈情绪基础的意识流：我哪里"输"给别人了？为什么他就不用这样？我的分析有什么问题吗？我的想法哪里存在不足？我怎样才能把自己的见解用简单的方式表达出来呢？我们发展方向的本质是什么？等等。这种提问和回答会一直交替进行下去。那些成功的隐形天赋者的能力，也许是他们能够将自己的想法和判断分开。他们能够重新审视自己的想法，能够跟踪他们达到目标的过程，即通过重整思绪、重新分析思路，并在一段时间后重新评价思路，之后再决定他们下一步要怎么做。

唐虎（37岁）是一名承包商，他参加了一个建造学校建筑群的项目会议。其中一个难点是，施工过程中交通状况十分复杂。虽然学生们上下学的交通安全被放在了首要位置，但是路边的施工仍然要顺利地进行下去。唐虎想到了一个解决办法，然后为此和负责人详细地讨论了一番。他觉得，如果还按照原来的计划进行，一定会乱套。这不仅会危及学生的安全，而且实际上很难实现。唐虎越说越激动，他十分沮丧和气愤，因为他每次在会上都在着重强调计划中这个至关重要的部分，他觉得自己已经说得很明白了。

唐虎意识到自己的情绪很激烈已经有一段时间了。以前，他肯定管理不好自己的情绪，并最终导致愤怒的爆发和争吵。后来，他逐渐学会如何处理自己的情绪。他发现自己情绪不稳定后，便会冷静下来，再次重新整理自己的想法。每次他都会回想自己跟项目负责人都提到了什么。他总觉得别人不想听他讲的，这导致了他激烈的情绪。但是他学着把这种"认为别人不想听"转化为"认为别人无法理解"。接着，他采取行动，描画了一个强有力的计划草图，其中涉及了所有的要素：学生的安全、不同时间段施工的可实施性、学校和当地政府的期许和项目花费的费用。他成功化繁为简，提供了一个对所有人来说都清晰明了的计划。他带着这个策划书，重新去找负责人，他们进行了很有建设性的谈话，讨论如何继续实施这个计划。

现在，唐虎学会了有效控制自己的情绪。如果你问他以前和现在的区别是什么，他非常清楚该怎么跟你解释。以前，他会对所有的人和事都感到失望，因为他不理解这些人为什么忽略他的看法，忽略实现基础计划需要满足的至关重要的条件。以前他会觉得是他们"不愿意"，现在他会更多地关注为什么会沟通失败，他该如何确保别人能够走上正轨。

他的情绪跟开始阶段一样，但是解释这种情绪的方式却完全不同。他们并不是不愿意满足他的要求或项目的要求，而是他们因为能力不足无法处理这么复杂的情况，不知道应该如何解决它。如果唐虎现在再遇到这种情况，他就会采取行动打消他们的困惑和不解。他每次都意识到，正确看待这种情绪，对得到具体的计划是必要的。在第一次会后，这种印象还不是很清晰，很明显他还需要一段时间才能够让这种想法变得成熟。之后，如果他意识到自己产生了激烈的情绪，就能够将其转化为出色的结果。

唐虎学会把他的情绪当作一种力量使用。这种情绪发展了他的潜能，然而在这之前情况完全相反：他的全部潜能都被扼杀在萌芽阶段。现在，他在自己的领域中非常成功。10年前，他就开始自己开公司，现在公司已经有40位员工了。

我们很少会看到成功的隐形天赋人群在螺旋向下的消极情绪中做决定。他们会在情绪稳定的时候做出尽可能多的选择，这样他们就可以自己确定目标，之后利用情绪激烈的时刻来达到他们的目标。情绪是他们的风向标，而不是停止、僵化和逃跑的信号。

将这条法则化为己用，你就不会再把情绪视为消极的存在，而是意识到情绪是表明你可能需要做出一些调整的信号。此外，不在情绪激烈的时候做出回应也很重要。你能做的是，先写下你的情绪，这种情绪是由什么导致的，你的意识流是怎样的。然后尝试着用另外一种方式解释这种情绪。除了"我毫无价值""别人不愿意听我的""别人不理解我""如果是这样的话，我就停下算了"等这类的想法，情绪还能被解释为"可能在这个问题上，会有不同的观点、想法和感受；我很想知道为什么会有这种不同的想法出现，我们该怎样把不同点联系起来"，诸如此类。

如果你之后尝试着去搭建沟通的桥梁,就可以把你的情绪当作一种力量去使用。确保你以晴雨表的方式来看待自己的情绪,去预见下一阶段的进程或者发展。之前我们就说过:成功的隐形天赋者很少或者从来不会把自己视作受害者。这一次,我们不再用任何体育术语了,而是用一句网游中经常用到的话:让我们运用情绪去打怪升级吧!

结　语

愿你的"天赋的机会箱"越变越大

这本书现已接近尾声。在第一章开头我们讲到,隐形天赋一般意味着与众不同,而我们往往需要给予关注,才能使这些才华真正得到发展。读到本书的最后,对于该如何最好地在实际中处理这一问题,你大概也有了清晰的认识。发展自身的优良特质,并对其加以积极利用,这是你应该学到的。我们称其为"天赋的机会箱"。也许这箱子最初还很小,但你在一生中的任何时候,都能随心所欲地让它变大,再用数不清的机会将其填满。

参考本书也好、通过其他方式也好,我们相信你完全有能力找到并果断解决障碍,从而增大天赋的机会箱。但即便如此,你仍很可能需要相关的帮助和支持。要看清自己(或孩子)的障碍并非那么轻而易举,但希望我们已经在书中解释清楚了这一点,即若想发展并利用隐形天赋,看清障碍起到了决定性作用。下面，我们想用芭芭拉的故事来结束本书，这是一个相当具有代表性的故事……

祝愿你能愉快地实现所有计划和目标，不屈不挠、坚持到底。不止是你自己，你身边的所有人，甚至是整个社会，都能从你对隐形天赋的积极利用和独特表现中充分受益。

6年前，芭芭拉（46岁）被儿子维斯（8岁）的老师叫去谈话，因为老师怀疑维斯是一名有着异样天赋的儿童。老师觉得维斯在课堂上总显得倍感无聊，尽管她每天都特意为维斯准备了颇具挑战性的练习和任务，他却总在回避。芭芭拉惊呆了，她不太理解异样的天赋这种"标签"，也完全无法想象拥有这样的天赋是什么概念。儿子能轻轻松松地掌握新知识，取得好成绩，她对此既高兴又骄傲。这又能有什么问题呢？

与芭芭拉相反，老师发现维斯身上存在着许多需要解决的问题。她解释说，维斯只需付出极少的努力就能够保持优异的成绩，但同时他却避免真正的挑战，还非常害怕出错。因此老师认为，做些预防工作是很有必要的。如果没有外界的帮助，维斯就无法形成正确的学习态度，在情绪方面也完全没有达到能应对挫折的水平，而挫折是早晚都要出现的。

此外，维斯还常常展现出严厉苛刻的一面，他认为同学们太慢了，朝同学们发脾气，说他们"拖拉得像蜗牛"。每当这时，老师都不得不出面干预。

犹豫许久之后，芭芭拉在埃克森特拉报了名。6年之后的现在，她还常常谈起这给维斯和她的生活带来的巨大转变。但当时的报名谈话让芭芭拉心情沉重，一方面是因为通过我们对于隐形天赋差异与优势的解释，她确认了维斯拥有隐形天赋这一事实；另一方面是因为她发现自己对此有很强的抗拒心理，不知什么缘故，她总觉得自己应该为维斯辩护。

很快我们就清楚了缘由：维斯和芭芭拉都是隐形天赋者，他们很大程度上都在和相同的障碍作斗争，只不过两人各有自己的方式。作为母亲，芭芭拉很难看到维斯需要调整的地方，因为这意味着她必须也能从自己身上看到同样的问题。芭芭拉是一家音乐学院的大提琴老师，尽管她很喜欢给学生们上课，但还是无奈地承认，她感到自己作为一名专业音乐家是很失败的。回忆她自己的经历，芭芭拉意识到，自己从小就对失败有强烈的恐惧，因此才会在试演和求职中屡屡失利。尽管她直至今日都坚信，自己有足够的天赋在古典音乐的国际舞台上发光。芭芭拉说，作为一名老师，自己再普通不过了，她不理解为什么有那么多学生从各地跑来"她的"音乐学院，就为了向她学习大提琴。她觉得自己的水平并没有那么高……

芭芭拉遇到了很多障碍：标准的制订、沟通交流、害怕失败、抵抗心理、难以离开舒适区。只要没解决这些问题，她就没办法发现，实际上维斯也面临着相同的困境，更别说引领他走出困境了。只要芭芭拉意识到她的问题是什么，局面一下子就能有很大的改观。现如今，芭芭拉仍在教课，不过她还成立了一个相当成功的教师乐团，也再次开始了学习，因为她希望自己能成为一名专业指挥家。维斯继承了他母亲的音乐细胞，同时因为他一开始就觉得弹钢琴比上学有意思得多，芭芭拉的同事们便抓住所有可能的机会，借助钢琴的力量帮助维斯克服障碍。

"我直到现在才真正理解自己，这让我感到痛心，"芭芭拉说，"如果能早点明白这一切，我的人生也许会大有不同。但同时，过去这些年所发生的事情，又让我感到幸运。若不是埃克森特拉引领我走上自我提升之路，我永远也不可能取得今天的成就。我现在带领着一支高水平乐团，为此我感到非常骄傲。而我最庆幸的当然还是能及时处理维斯的发展障碍，或者说，我正好在正确的时间找到了对的人。作为父母，你不应该担心孩子会遇到和你一样的困难，因为你的焦虑很可能恰恰就让它变成了现实；而另一方面，当你没有了解清楚自己的情况时，有时很难看清孩子可能在哪里出了问题。过去的几年中我对此深有体会，于是我做出了这样的选择：为了能更好地教育和引导儿子，我要自我引导。现在看到维斯为了弹熟一支巴赫的新曲子努力练习，我感到很欣慰。他能以自己的节奏、不受过多的压力、又以自己满意的方式发展天赋，实在是太好了，我看到他自己乐在其中。自从我鼓起勇气离开舒适区，我更加幸福了。我现在只有一个愿望，那就是让每一个拥有隐形天赋的人都能如此，让这份幸福变成世界上最平凡而普遍的幸福。"

译者手记

看见差异，看见机遇

《隐形天赋：如何将差异变成绝对优势》，这本书的原名是 *Meer dan intelligent*，对应的英语是 *More than intelligent*，这是一个很妙的标题，浅显易懂，却很难用同样简练的中文表达出来，即使表达了出来，是否仍适合做书名也有待商榷（从本书最终定名结果来看，应该是不适合的）。

对书名翻译的这种纠结，其实贯穿了整个翻译过程。"天赋"这个词，在传统的中文语境里，会被我们不自觉地跟"高天赋、高智商、天才"之类的词关联起来，但本书的观点截然不同。作者从开篇就试图告诉你，"天赋"应回归其原本的字面含义：与生俱来，秉承于天，这意味着其既有积极的一面，也有消极的一面。换言之，人人皆有天赋。正视天赋，不逃避也不高估，才是充分发挥人的发展潜能的良好基础。

在翻译过程中，书中不少实例都深深触动了我。特别是那些关于拥有隐形天赋的家长和孩子之间的故事，让同样为人父母的我分外感慨。很多家长，本身拥有一些天赋，但由于在成长过程中，身边的长辈认识不足，未能给他有针对性的指导，导致这一代人在成年后碌碌无为。成年后，在面对自己同样有天赋的子女时，手足无措，不知该如何与孩子相处，亲子关系一度紧张。所幸这一回，终于得到了专业的帮助，不仅孩子变得更加快乐，亲子关系也得到了改善。但颇为让人唏嘘的是，家长往往通过专家对孩子的指导，才认识到自己本身也是有隐形天赋的，原本可以过上不一样的人生。不过正如书中所说，正视自己永远为时未晚，早日认清自己，才能早日发挥自己的天赋。

在接到《隐形天赋：如何将差异变成绝对优势》的翻译约稿时，我内心是很忐忑的。虽然从事荷兰语工作已有10多年，也陆续翻译过不少文字，但这类社科作品对我而言实属首次。在此我要特别感谢我的学生：常江涵、黄峥迪、贾文荟、李秋玥、王馨悦和张小宇。她们在全书翻译过程中，做了大量的工作，从查阅背景资料到推敲某个词的准确译法，再到审读纠错，白天的课间探讨，深夜的微信群聊……没有她们的付出和敦促，这本书的翻译不会进行得这么顺利,所以这是我们一起完成的作品。我也要感谢孙国日和赵明鲜两位留学生,谢谢他们对译文第一时间的阅读和反馈。最后也要谢谢赵婷老师的信任和推荐,让我得以翻译这么好的一本书。

林霄霄